南海海温变化及其与三大洋的联系

主　编　　王昭允

副主编　　董文静　　王艳艳

中国海洋大学出版社
·青岛·

图书在版编目(CIP)数据

南海海温变化及其与三大洋的联系/王昭允主编.
青岛:中国海洋大学出版社,2025.5. -- ISBN 978 - 7
- 5670 - 4208 - 7

Ⅰ.P731.11

中国国家版本馆 CIP 数据核字第 20257SS090 号

NANHAI HAIWEN BIANHUA JIQI YU SANDAYANG DE LIANXI

南海海温变化及其与三大洋的联系

出版发行	中国海洋大学出版社
社　　址	青岛市香港东路 23 号　　　　　　邮政编码　266071
出 版 人	刘文菁
网　　址	http://pub.ouc.edu.cn
电子信箱	94260876@qq.com
责任编辑	孙玉苗　李　燕　　　　　　　　电　　话　0532-85901040
装帧设计	青岛汇英栋梁文化传媒有限公司
印　　制	青岛国彩印刷股份有限公司
版　　次	2025 年 5 月第 1 版
印　　次	2025 年 5 月第 1 次印刷
成品尺寸	170 mm×240 mm
印　　张	6.5
字　　数	113 千字
印　　数	1—1 000
审 图 号	GS 鲁(2025)0243 号
定　　价	39.00 元
订购电话	0532-82032573(传真)

发现印装质量问题,请致电 0532-58700166,由印刷厂负责调换。

　　自工业革命开始以来,人类活动导致二氧化碳的排放量剧增,更多的热量被截留在大气层内,从而导致气温逐渐增高。受此影响,全球平均表面温度表现出明显的上升趋势。全球变暖会导致海平面上升、冰雪融化、极端天气频发、冻土消融等现象,这不仅会对全球的自然生态系统造成破坏,还会对人类的生存产生威胁。对于全球变暖这一问题,各国政府普遍重视,并且正努力采取措施来协同应对。政府间气候变化专门委员会(Intergovernmental Panel on Climate Change,IPCC)第五次评估报告中,根据全球温度数据集(HadCRUT4)地表温度系列计算出 1880—2012 年全球每 100 年升温 0.85 ℃±0.20 ℃,预估 2046—2065 年较基准年(1986—2005 年平均)上升 1.0~2.0 ℃。全球平均表面温度从工业革命开始表现出明显的上升趋势,尽管自 1998 年以来全球变暖减缓,但目前的全球地表温度仍处于历史最高水平,并呈上升趋势。

　　海洋和大气的相互作用在地球气候中扮演着重要角色,是地球气候系统中重要的层圈相互作用之一。海洋和大气相互作用的研究是海洋科学和大气科学交叉产生的新兴领域。热带是驱动全球气候变化的重要动力区,是认识和预测气候变化的关键区。海洋对气候变化的响应一直是全球地理环境研究的重大课题。了解其中的动力学和热力学机制,将为我们了解海洋与大气的相互作用提供重要帮助。

　　本书基于热带海洋与大气相互作用的外延和内涵,结合南海及邻近海域对全球变暖响应的最新研究进展,利用多种客观分析资料、再分析资料和数值模拟数据,采用从长期到短期、从上层到底层的研究策略,遵循"提出问题—因素分析—机制探讨"的研究思路,对南海海温变化及其对全球变暖的响应进行系统分析。

本书的研究内容如下：首先，基于经验正交函数分解、合成分析和滤波分析等方法，刻画南海海表面温度长期变化趋势，对比南海与同时期全球海表面温度变化的差异，进一步分析海表面温度年代际变化特征。其次，基于热收支分析，探讨净热通量、水平热输运和垂向热输运等过程对海表面温度变化的影响，分析风速、流速、云量、相对湿度等因素对上述过程的作用。最后，基于相关性分析、合成分析、超前滞后分析等方法，探究全球热带海洋变化引起的大气和海洋变化，以及南海海表面温度变化的调制机制。

本书的主要研究结果如下：第一，与全球变暖一致，1980—2019年南海海表面温度经历了显著的上升，但其变化存在显著的年代际特征。海表面温度由20世纪最后20年的显著上升趋势转变为21世纪前10年的上升减缓，之后又呈现显著的上升趋势。第二，在1980—1997年，南海升温主要是由平流热输送和向上的长波辐射减少引起的。在1997—2013年，南海北部海表面温度上升减缓主要由平流冷输运引起。在2013—2019年，蒸发速率减缓对南海北部海表面温度再上升起主导作用，短波辐射增加和平流暖输运起次要作用。第三，南海北部海表面温度"快速上升—下降—再上升"的转变可能与北太平洋副热带高压位置和强度变化有关。在1980—1997年，西太平洋副热带高压增强，引起西太平洋（包括南海）南向风异常，导致覆盖南海的干而冷的空气减少，因此海面上层全云量呈现正异常。一方面，由于云量增多，向上的长波辐射减少；另一方面，异常北风驱动的海洋环流异常导致海洋平流整体表现为暖平流。因此，在1984—1999年，南海上混合层呈现出升温趋势。在1997—2013年，东太平洋副热带高压南移，伴随着北太平洋环流振荡（North Pacific gyre oscillation, NPGO）处于正位相，引起赤道东太平洋东风异常，黑潮入侵南海减弱是导致南海北部海表面温度下降的主要机制。在2013—2019年，西太平洋副热带高压增强，引起东亚冬季风减弱和云量减少，净热通量增强是导致南海北部海表面温度上升的主要机制。同时，东太平洋副热带高压北移，NPGO处于负位相，赤道东太平洋异常西风使得黑潮入侵南海增强，对南海北部海表面温度上升也起一定的促进作用。

本书的创新贡献如下：第一，基于多源数据，不仅搞清了南海海表面温度的长期变化趋势及其与全球变暖的联系，还刻画了1980—2019年"快速升温—降温—再升温"年代际变化特征,突出研究局地和远处过程对南海冬季海表面温度年代际转变的影响,而目前这一方面的研究相对薄弱。系统分析了各时期热收支各项过程的影响,弥补了前人对南海海表面温度年代际转变的调制过程研究的不足。第二,目前国内外研究将南海海表面温度的遥强迫影响因素认定为太平洋十年涛动(Pacific decadal oscillation,PDO)的位相转变。现有研究聚焦大气环流变化的影响,但对海洋环流变化影响的研究十分有限。本书创新性地提出北太平洋东西部副热带高压异常影响 NPGO 强度,进而影响黑潮入侵南海的过程,填补了现有研究的空白。

CONTENTS **目　录**

第一章

引 言

第一节　研究背景

地球表面有约 71% 的面积被海水覆盖。海洋是气候系统的一个重要组成部分,在很大程度上决定着地球对太阳辐射的吸收以及地球与大气之间的热量交换。相对大气来说,海洋有较大的热容量,其调整过程相对缓慢,因此具有较长期的"记忆功能"。通过海洋与大气的相互作用,海洋削弱气候系统中的高频率变异信号,增强气候系统中缓慢变异的信号,从而决定了气候系统变化的某些时间尺度,增强了气候系统的可预测性。海洋和大气的相互作用在地球气候中扮演着重要角色,是地球气候系统中重要的层圈相互作用之一。海洋和大气相互作用的研究是海洋科学和大气科学交叉产生的新兴领域。热带是驱动全球气候变化的重要动力区,是认识和预测气候变化的关键区。在气候系统中海洋的作用主要通过与大气的相互作用来实现。认识和理解海洋与大气相互作用的规律,是掌握气候系统变化规律的基础和前提。对海洋与大气之间的物质和能量交换做出正确的定量估计是目前气候数值模拟中需要解决的重要的问题之一。

地球的旋转造成作为连续介质覆盖在地球表面、相对薄的大气与海洋的运动。大气和海洋这两个密度不同的流体之间存在相互作用,成为复杂的地球气候系统中重要的组成部分[1]。全球大气环流系统主要由三大相互关联的要素组成:行星风系、行星尺度的气压带以及由空气垂直运动形成的三大环流圈。从全球平均的纬向和经向环流(图 1-1)来看,在对流层里,最基本的特征是大气大体上沿纬圈方向绕地球运动。在低纬地区常年盛行东风,称为东风带,又称信风带。信风带的风向在南、北半球有所不同:北半球为东北信风,南半球则为东南信风。两半球的中纬度地区盛行西风,称为西风带,其经向跨度比东风带宽。西风强度随着纬度增高而增大。大约纬度 30° 上空的 200 hPa 附近西风风速最大,称为行星西风急流。在极地附近,低层存在较浅薄的弱东风,称为极地东风带。

从全球经向环流[2]来看,大气在南、北及铅直方向上的平均运动构成三个经圈环流:① 低纬度的正环流,即哈德利环流。该环流的特征是:在近赤道地区空气受热上升,在高层向北运动的过程中逐渐转为偏西风;在 30°N 左右产生下沉气流,在低层又分为两支,一支向南回到近赤道,另一支北移。② 中纬度形成一个逆环流或称间接环流,即费雷尔环流。③ 极区正环流,气流在极地下沉而在纬度 60°附近上升,从而形成一个正环流,但强度较弱。在极地东风带与中纬度西风带之间,常有极峰活动。

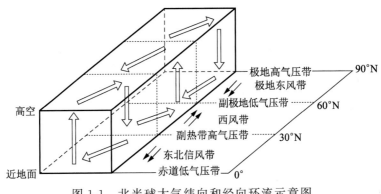

图 1-1 北半球大气纬向和经向环流示意图

海洋对气候变化的响应一直是全球地理环境研究的重大课题。了解其中的动力学和热力学机制,将为我们了解海洋与大气的相互作用提供重要帮助。气候系统的能量平衡的改变源自大气中温室气体和气溶胶含量的变化,及其导致的地-气辐射平衡和地表特性的变化。政府间气候变化专门委员会(Intergovernmental Panel on Climate Change,IPCC)第四次评估报告指出,自从 1750 年以来,由于人类活动的影响,全球大气二氧化碳(CO_2)、甲烷(CH_4)和一氧化二氮(N_2O)浓度显著增加,目前三者总浓度已远远超出了根据冰芯记录得到的工业化前几千年内的浓度平均值。CO_2 是最重要的人为温室气体,全球大气 CO_2 浓度已从工业化前的约 280 mL/m³,增加到了 2005 年的 379 mL/m³,是距今 650 000 年以来的最高值。IPCC 第四次评估报告中给出,1906—2005 年,全球平均地表温度上升了 0.74 ℃(0.56～0.92 ℃),比 2001 年第三次评估报告给出的 1901—2000 年上升 0.6 ℃(0.4～0.8 ℃)有所提高。1850—2007 年最暖的 12 个年份中有 11 个出现在 1995—2006 年(除 1996 年),1951—2007 年的升温速率几乎是 1850—1950 年的 2 倍。1961 年以来的观测结果表明,全球海洋温度的上升已延伸到至少 3 000 m 深度。80%以上增加到气候系统的热量由海洋吸收。增暖引起海水膨胀,并造成海平面上升。20 世纪全球海平面上升约 0.17 m。

在大陆、区域和海盆尺度上已观测到气候系统的长期变化,包括北极温度与冰的变化,降水量、海水盐度、风场的变化,以及干旱、强降水、热浪和热带气旋等极端天气方面的变化[3]。从 20 世纪 10 年代至 21 世纪 10 年代北极平均温度上升速率几乎是全球平均的 2 倍。1978 年以来北极海冰面积以每 10 年 2.7% 的平均速率退减。20 世纪 80 年代以来北极多年冻土层顶部温度上升了 3 ℃。北半球 1900 年以来季节冻土覆盖的最大面积已减少了约 7%。在 1901—2005 年,北美和南美东部、欧洲北部、亚洲北部和中部降水量显著增加,而萨赫勒、地中海、非洲南部、亚洲南部部分地区降水量减少。20 世纪 60 年代以来,南、北半球中纬度西风在加强;70 年代以来在更大范围内,尤其是在热带和亚热带,观测到了强度更强、持续时间更长的干旱;20 世纪 60 年代至 21 世纪 10 年代强降水事件的发生频率有所上升,陆地上大部分地区强降水发生频率在增加,中国强降水事件也在增加。20 世纪 60 年代至 21 世纪 10 年代已观测到了极端温度的大范围变化,冷昼、冷夜和霜冻已变得较为少见,而热昼、热夜和热浪则更为频繁。热带气旋(台风和飓风)每年的个数没有明显变化,但从 20 世纪 70 年代以来全球呈现出热带气旋强度增大的趋势,强台风发生的数量增加,其中在北太平洋、印度洋与西南太平洋增加最为显著。强台风出现的频率,由 20 世纪 70 年代初的不到 20%,增加到 21 世纪初的 35% 以上。

IPCC 关于气候变化原因的认识逐步深化。1990 年第一次评估报告认为,观测到的增温可能主要归因于自然变率;1995 年第二次评估报告指出,有明显的证据可以检测出人类活动对气候的影响;而 2001 年的第三次评估报告第一次明确提出,新的、更有力的证据表明,过去 50 年观测到的全球大部分增暖可能归因于人类活动;2007 年第四次评估报告进一步提高了最近 50 年气候变化主要是受人类活动影响的结论的可信度(置信度由原来 66% 的最低限提高到目前的 90%),指出人类活动"很可能"是导致气候变暖的主要因素。IPCC 第四次评估报告虽然得出了许多确凿的结论,但许多方面仍存在科学不确定性。有关气候变化的观测资料和参考文献存在着区域不平衡的问题,自热带和南半球的资料尤为缺乏。与对气候平均值变化的研究相比,对极端气候事件变化的认识还有待深入,特别是一些小尺度的极端气候事件。关于气候变化自然和人为因素的分析判断,在大陆以下尺度上存在较大困难。较小尺度上的土地利用变化和局地污染等因素使得人为影响的辨别更为复杂。

热带海洋在气候变化中起到非常重要的作用。研究表明:随着大气对包括 CO_2 在内的温室气体的吸收,全球大气平均温度和海洋温度都会上升,大部分气温的升高是间接由海表面温度上升造成的[4]。气候模式模拟结果表明:陆上的表面气温的升高主要由于海表面温度的升高,而不是温室气体直接作用的结果。另外,全球变暖中海表面温度的上升也不是一致的,海洋环流和海表面热通量的变化会导致海表面温度的上升产生一个区域的分布型。热带海洋-大气耦合系统对全球变暖的响应及其在气候变化中作用的研究还刚刚起步,其中还存在着诸多争议和不确定性。

海表面温度是上层海洋热力学和动力学状况的重要指标之一,对研究海洋环流、水团、沿岸上升流、海洋与大气相互作用以及中尺度涡等有重要作用。同时,海表面温度也是气候系统基础的物理量之一,对调节全球气候具有重要作用。自工业革命以来,全球 CO_2 排放量持续增多,全球气候表现为持续增暖。相比于陆地和大气,海洋具有更大的热惯性,因此海表面温度被很多科学家用来研究气候变化[5-11]。

众所周知,全球大部分区域被相互连通的海洋所覆盖,并且海洋与大气相互作用非常明显,海洋对气候变化有一定的响应。基于 NCEP-NCAR 再分析数据,耦合大气环流海洋混合层模式实验和前人研究成果,发现太平洋海表面温度的年际变化特征有很强的区域独特性,总体上看跟厄尔尼诺和南方涛动(El Niño-southern oscillation,ENSO)事件有很强的相关性[6]。在 ENSO 事件期间,大气对热带太平洋海表面温度异常变化的响应会对全球气候产生持久的影响。此外,大洋之间的联系是通过大气桥来实现的。全球变暖存在两个主要模态:一个是准全球模态,即太平洋十年涛动(Pacific decadal oscillation,PDO)模态;另一个是准半球模态,即大西洋多年代际模态[8]。全球气候的 10 年和年代际变化模态之间相互联系,并且人为因素导致的气候变化可以引起区域气候异常。虽然全球整体上呈现出变暖趋势,但海表面温度和降水的分布存在明显空间差异,有的区域甚至出现降温趋势[10]。热带太平洋海表面温度升温速率的最大值出现在赤道海域,最小值出现在东南部副热带海域,而引起热带太平洋海区海表面温度异常的原因就是风场的异常,这一现象可从海洋与大气相互作用方面进行解释。虽然全球海洋海表面温度的变化特征具有空间差异,但通过强的海洋与大气相互作用,区域海洋海表面温度和降水的异常变化整体上也会显示出全球变暖的迹象。因此,可以通过分析局部区域的海表面温度变化特征,寻找二者之间内在的联系,来进一步探究全球气候变暖的特征,进而分析全球气候系统的变化。

海洋与大气通过在界面的动量、热量和水汽交换产生相互作用。低空大气具有以湍流活动为主的边界层,该层的贴近海面部分是表面层。在表面层这个薄层里,热量和动量的铅直通量几乎是常数。根据目前对界面之间由于湍流产生的动量和热量交换的参数化表达,通常在海洋-大气界面上动量和热量的交换与风应力有关。目前,计算上述通量面临的困难来自两个方面:一是观测的缺乏;二是湍流参数化理论的发展遇到障碍。蓬勃发展的卫星观测和逐步建立的海洋观测网使得海洋-大气界面通量资料的获取得到了改善,但还需要开展大量的研究才能满足基本需求,这也使得海洋与大气相互作用的研究更具有挑战性。

当风吹向海洋时,能量从风向海洋表层转移。其中的一些能量被消耗,用来产生表层重力波,从而导致在波传导方向上水质点的净运动;还有一些能量则用来驱动海流。波和流之间的能量转化过程是复杂的。

大气强迫使海洋中产生了风生环流,在热带外地区形成了副热带环流和副极地环流。根据埃克曼的理论,我们已经能够理解风如何引起表层海水的运动以及该运动如何导致整个上层海洋(包括温跃层)的运动:赤道信风和中纬度西风分别驱动向极地和向赤道的埃克曼输运,造成了位于这两个风系之间的副热带海域的海水堆积,从而加大了局地的压力,形成了作用于运动海水之上、科氏力和水平气压梯度力相平衡导致的地转流,该地转流即为在北半球顺时针旋转的副热带环流。同理,极地东风带与中纬度西风带之间形成了副极地环流。在大气环流的驱动下,副热带环流与副极地环流能够在西边界流区将海洋的热量进行经向输送,并在中纬度地区对大气加热,这是海洋与大气相互作用的一个非常典型的例证。目前,在中纬度地区,由于天气尺度涡旋的存在,海洋加热大气的物理过程和大气的响应过程都还不十分清楚。

在热带,信风直接驱动的西向流是南赤道流和北赤道流。南赤道流控制着 $15°S\sim4°N$(包括赤道在内)的宽广海域,东风驱动引起的赤道上升流是东太平洋冷舌形成的主要原因,中、东太平洋赤道附近的南北分流具有显著的辐散特征;与南赤道流相对应的北赤道流则主要位于赤道以北 $10°N\sim20°N$。南赤道流和北赤道流都属于直接由信风驱动的洋流。由于处于低纬度,科氏系数小,两者都能很快地响应风的变化。最强的北赤道流和南赤道流分别出现在北半球冬季和南半球冬季,分别对应东北信风和东南信风最强盛的季节。

对未来气候变化的预估,关键不确定性主要来自平衡气候敏感度、碳循环反馈的不确定性。不同气候模式对云反馈、海洋热吸收、碳循环反馈等机制的描述差别很大,这也增加了对未来气候预估的不确定性。气溶胶对气候系统和水循环的影响仍然不确定。未来格陵兰和南极冰盖物质平衡的变化,特别是由冰流动造成的变化是海平面上升预估不确定性的一个主要因素。

这里还要指出的是,未来气候变化的预估结果很大程度上依赖模式和情景,提高未来气候变化预估的可靠性和置信度,需要进一步完善气候系统模式,加强气候系统观测,提高对气候系统地球生物化学循环的科学认识。而作为对气候有重要影响的热带海洋-大气耦合系统,也会在全球变暖背景下产生变化。

第二节 研究意义

南海位于热带印度洋和太平洋之间,是西北太平洋最大的边缘海。南海的气候系统变化复杂,受到当地海洋与大气相互作用[12-13]和大尺度遥强迫[14-15]的共同影响。作为南海气候系统重要的指示因子之一,南海海表面温度在东亚季风、ENSO、PDO、全球变暖等因素的作用下,呈现出显著的季节、年际和年代际变化特征[16-21]。

南海处在东亚季风区,夏季盛行西南风,冬季盛行东北风[16,22]。受西南季风影响,南海夏季呈现海盆尺度的反气旋式环流;在风驱动的上升流和越南离岸流作用下,越南东南部沿岸存在向东的冷水输运,称为"冷丝"[12]。受东北季风影响,南海冬季呈现海盆尺度的气旋式环流,在潜热通量和平流冷输运的共同影响下,南海西边界从海南岛至马来半岛存在一个狭长的冷水区,称为"冷舌"[13,23-24]。相比于夏季冷丝,冬季冷舌影响范围更大,对南海及周边陆地气候影响更为显著。研究南海冬季海表面温度的时空变化特征对准确探明海南周边海域水文动力环境、揭示海南周边海域生物地球化学循环过程具有重要科学意义,对提升海南气候和天气预测水平具有重要应用价值。例如,南海海表面温度的异常变化一方面会影响南海季风的暴发时间[25],另一方面会影响我国南部大陆的旱涝状况[26]。当前一年冬天南海海表面温度表现为正异常时,长江中下游区域在梅雨季节的降雨量将增加,而华北地区在夏季的降雨量将减少;当前一年冬天南海海表面温度表现为负异常时,情况则与之相反。

因此,非常有必要研究南海海洋与大气的相互作用,探究南海海表面温度的变化特征及其发生机制,这对了解南海热动力状况和海洋与大气相互作用及其对我国气候的影响有重要意义。此外,研究南海海温变化也有助于我们进一步了解全球气候变化。

一、南海概况

南海是热带太平洋西部最大的半封闭边缘海,全部面积大约 350 万 km² (105°E~123°E,0~25°N)。南海通过台湾海峡与东中国海相连,通过民都洛海峡与苏禄海相连,通过吕宋海峡与太平洋相连,通过卡里马塔海峡与爪哇海相连(图 1-2)。吕宋海峡是南海深层海水与外部交换的唯一通道,其最大深度达到 2 400 m[27]。2 400 m 以深整个南海基本呈封闭状态(图 1-2)。南海的平均水深大于 2 000 m,最大深度大约为 5 560 m。受这种独特地形影响,南海深层环流基本呈现出气旋式结构,其中西向强化现象非常明显。

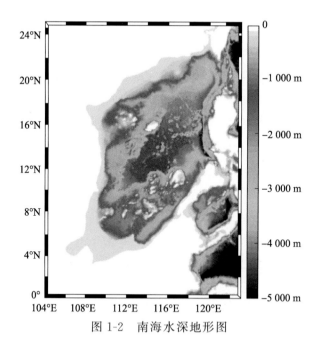

图 1-2 南海水深地形图

南海地处东南亚季风系统[22]:冬季盛行冷而干的东北风,虽然海洋上空风速存在较强的区域独特性,海盆区域平均的风速大约为 9 m/s;夏季盛行湿润的西南风,此时海洋上空的风场也有很强的空间差异,海盆区域平均的风速比冬季小,大约为 6 m/s。受风场和地形效应的影响,南海表层环流存在显著变化。一方面,南海上层环流受南海季风驱动呈现出明显的季节性变化;另一方面,南海北部上层环流很大程度上受通过吕宋海峡的黑潮影响。基于观测事实和海洋环流模式,前人已经分析出南海海盆尺度的环流形态:冬季为气旋式,夏季为反气旋式[22,28]。通过进一步探究分析,学者们发现,冬季南海海盆尺度的气旋式环流是由强的东北季风驱动的[29]。然而在夏季,南海北部环流变弱,在南海南部形成一个次海盆尺度的反气旋式的环流[30,31]。除此之外,台湾岛和菲律宾群岛的高山地形也会影响季风的空间模态,进而改变南海环流的空间模态[12,13]。

二、南海海表面温度研究进展

在 20 世纪 90 年代,学者们开始关注南海海表面温度的变化特征,并对其进行初步分析。基于海洋水文气象站的实测资料,发现南海海表面温度存在准两年和 3~5 年的周期性振荡[32]。之后的研究表明这种振荡受大气环流和东亚季风异常的影响[33]。之后,很多科学家使用综合的海洋大气资料分析南海海表面温度的变化[34,35],并研究其与 ENSO 的联系[36]。利用多项式函数方法分析了南海海表面温度的变化特征及其与暖池海表面温度振荡的相关性和耦合过程,发现南海海表面温度存在周期性和突变性的特征[37]。南海海表面温度存在 4 年和 8 年的周期性振荡[38]。在 4 年时间尺度上南海与赤道东太平洋的海表面温度异常发生同相耦合振荡,而南海与赤道西太平洋海表面温度异常相关性分析表明,二者的相关系数最大值出现在 8 年。

前人研究表明,受 ENSO 影响,南海表面温度存在显著的年际变化特征[13,15,20,39,40]。南海冬季海表面温度异常与 Nino3 指数密切相关,大部分海表面温度暖(冷)事件与太平洋厄尔尼诺(拉尼娜)事件同步发生[41]。在厄尔尼诺年,受赤道东太平洋海温正异常影响,南海冬季风和气旋式环流减弱,冷舌区升温[13]。在厄尔尼诺事件之后,南海海表面温度呈现出显著的双峰结构,其中冬季(次年 2 月份)海温异常升高的主要原因为短波辐射和潜热通量异常[40]。南海冬季西边界区域海表面温度年际变化存在显著的时间和空间不对称性,热收支分析发现净热通量和水平热输运在秋季和冬季之间、南部和北部之间作用差异显著[42]。

此外,前人也对南海海表面温度年代际和更长时间尺度的变化特征进行了大量研究[11,17,19,21,43-48]。在 20 世纪 50 年代至 21 世纪 10 年代南海表层经历了显著的升温过程[45,46]。对南海海表面温度时间序列的分析表明,南海海表面温度在 1950—2006 年的变化特征存在两个主要模态[45]。整个南海海表面温度的年际变化和季节性振荡在空间上呈现出同位相的特征,但东西部海域变化则存在位相差;南海中部海域年际和更长时间尺度的变化与经向风异常和西部热带太平洋的副热带高压纬向迁移有关。对南海海表面温度在 1959—2008 年的变化趋势进行了深入分析,结果表明南海海表面温度长时间变化趋势存在季节性不同,其中冬季海表面温度的上升趋势与同期全球升温速率大致相等,而夏季升温趋势则不明显[46]。同样地,利用高分辨率的海洋大气再分析资料和经验正交函数(empirical orthogonal function,EOF)分析方法,对中国近海海表面温度的变化特征进行了研究,结果发现南海冬季和夏季海表面温度都具有明显的年际和年代际变化特征:20 世纪 80 年代之前呈弱的升温趋势,之后呈现出显著升温趋势[49]。进一步分析发现,南海海表面温度年际变化主要和东亚季风异常变化相关,并且冬季相关性大于夏季。此外,他们还分析出,南海冬、夏季海表面温度的变化与经向风异常和副热带高压异常有很显著的相关性。在 1900—2006 年,南海冬季海表面温度具有显著的上升趋势[17];其中,在南海北部,水平热输运起促进作用,净热通量起抑制作用,南部则相反。在 1950—2008 年,南海中部深水域升温趋势明显,其主要影响因素为向南的平流冷输运减弱,而净热通量起抑制作用[47]。该时期气候态平均的东北季风减小,减弱了向岸的埃克曼输运和海表面温度梯度,进而减弱西边界区域向南的平流冷输运,导致海温升高。然而在 1999 年以后,南海冬季海表面温度呈现异常的上升减缓现象[11],温度变化速率从 1970—1997 年的 0.025 ℃/a 降至 1999—2010 年的 −0.008 ℃/a。基于区域高分辨率海气耦合气候模型,提出 1999 年以后南海冬季海表面温度上升减缓的主要影响因素为增强的东北季风,此外,上层海洋环流变化也起一定作用。一方面,赤道东太平洋拉尼娜形态的海表面温度异常引起西北太平洋反气旋式大气环流,进而导致南海东北季风增强[50,51],海洋蒸发失热增加;另一方面,1999 年以后,通过吕宋海峡的南海贯穿流增强,南海失热增加[52]。PDO 对南海贯穿流的年代际变化特征影响显著,进而对南海海表面温度冷暖形态转变具有重要影响[48]。

虽然南海表层在过去几十年整体上呈现出长时间升温变化趋势,但这种升温趋势并不是一成不变的,有些时间段升温较快,有些时间段升温较慢,有些时间段内甚至出现降温趋势。所以,很多科学家对南海海表面温度的年代际变化进行了深入研究。基于卫星观测数据,通过 EOF 分解发现南海海表面温度的第一模态表现为整个海盆的升温,且最大升温区域在北部深水海盆[43]。进一步分析发现,1993—2003 年南海海表面温度的上升速率要明显高于 1982—1992 年的上升速率,即南海表层在 20 世纪 90 年代经历了显著性升温过程。接下来有学者也分析了 1993—2006 年南海海表面温度异常的变化,他们的研究结果指出在 2001 年前后南海海表面温度异常变化趋势发生了转变,由升温趋势转为降温趋势[44]。此外,研究结果还表明南海海表面温度异常时间序列跟逐年 PDO 指数序列具有很强的正相关关系,因此推测 PDO 可能通过调控赤道太平洋海表面温度进而影响南海海表面温度的年代际变化。

PDO 是北太平洋海表面温度最主要的年代际振荡[53-54],可以通过副热带环流系统对西北太平洋海域产生影响。北太平洋环流的副热带系统由黑潮、黑潮延伸体、北太平洋洋流、加利福尼亚洋流和北赤道洋流组成[55]。黑潮携带着西北太平洋的海水,沿着菲律宾东海岸向北流动。经过吕宋海峡时,黑潮的一条支流主要通过巴林塘海峡向西北流入中国南海[56-57]。大部分黑潮水随后通过巴士海峡流出南海,但也有一些水侵入南海,后者影响了南海东北部的温度、盐度、环流等水文要素的分布。相关研究表明,在研究西北太平洋低纬度海流年际变化时,应考虑 PDO 的潜在影响[58]。特别是在 PDO 正位相时期,菲律宾海上空出现了异常反气旋风场。菲律宾近海的异常偏南风导致北赤道流分叉点北移,减弱了吕宋岛近海的黑潮输送,增强了黑潮对南海的入侵[59]。在 PDO 负位相时期,北赤道流分叉点的变化只与 ENSO 密切相关,与 PDO 相关性较差。对东北太平洋海表高度异常进行 EOF 分解,第二模态被定义为北太平洋环流振荡(North Pacific gyre oscillation,NPGO)[60]。NPGO 在北太平洋大气振荡(Nonrth Pacific oscillation,NPO)的驱动下,会引发环流所经区域的气候变化[61-62]。然而,在年代际时间尺度上很少有学者讨论 NPGO 对黑潮入侵南海的影响。

前文指出,局部海域的海表面温度变化与全球气候变化密切相关,局部海域的海表面温度异常可能保留全球气候异常的特征。自工业革命以来,温室气体排放量持续增多,这被认为是 20 世纪全球平均海表面温度逐步升高的原因之一,特别是 1950 年以后[63]。但是科学家已经发现在 1999 年之后全球变暖出现了减缓现象。这一论点首先由 Knight 等提出[64],之后被学者们广泛认可[65-66]。2013 年,英国气象局发布报告确认全球变暖出现减缓,并分析了其特征和形成机制。这一事实,对之前科学家们普遍认为的"人为因素产生的外部强迫导致了全球变暖"这一理论提出了挑战。为此,很多学者开展了很多工作,探究引起全球变暖减缓的可能原因。到目前为止,针对 21 世纪初全球变暖出现减缓的原因大致分为两种学术流派。一种认为是外部强迫导致了近期的全球变暖减缓[67-70],另一种认为是气候系统的内部自然变率是全球变暖减缓的主要原因,或至少起到部分作用[71-74]。总的来说,针对全球变暖减缓的产生原因和机制,目前还未达成一致结论。

有学者指出,中国近海海表面温度在 21 世纪初也经历了上升减缓。基于月平均的哈德利中心全球海冰与海洋表面温度(Hadley Centre Global Sea Ice and Sea Surface Temperature,HadISST)海表面温度数据,研究发现在 19 世纪 70 年代至 21 世纪 10 年代,中国近海各海域年平均海表面温度整体表现为显著性上升趋势,特别是在秋季和冬季[75]。相比于 1962—1997 年的显著性上升趋势,中国近海海表面温度在 1998—2011 年经历了明显的下降趋势,其中在南海这一现象非常明显。进一步分析发现,中国近海海表面温度在 1998—2011 年的下降速率要明显大于北半球平均值和全球平均值。基于 HadISST 原始观测数据 HadISST3 和重构数据 HadISST,研究发现中国近海海表面温度在 1900—2006 年主要表现为上升趋势,其中在 20 世纪最后 20 年显著上升,在 20 世纪初出现了上升减缓现象[76]。

第四节　研究内容

目前,科学家们对过去近 30 年南海海表面温度的变化特征以及过去 10 年是否出现下降趋势讨论很少,个别研究也是在中国近海的范围内统一分析,并未详细探讨南海的海表面温度年代际变化。而且,前人研究也很少系统分析引起南海海表面温度年代际异常变化的机制及其与全球气候变化的联系。除此之外,前人工作主要集中在对南海海表面温度时空变化特征的研究,对表层以下的水温变化趋势研究甚少。如上一节所述,前人对南海冬季海表面温度的研究主要集中于季节和年际变化,部分学者分析了年代际和长期变化趋势,发现南海海表面温度在 21 世纪初呈现上升减缓现象。但我们的研究发现,南海升温减缓仅持续至 2013 年,之后再次恢复升温趋势,目前仍不明确形态转变的产生机制。

南海海表面温度年代际形态转变的研究是准确探究海南周边海域水文动

力环境特征的基础,对预测海南和周边海域气候具有重要作用,但目前还有以下两个问题需要解决:

(1) 1997 年和 2013 年前后引起南海海表面温度年代际转变的热动力学过程是什么? 具体来说,在快速升温、降温时期和再升温时期,热收支方程各项的作用有何差异? 东亚冬季风、黑潮入侵和中国大陆沿岸流的影响是什么? 哪个过程起主导作用?

(2) 北太平洋副热带高压和 NPGO 在南海冬季海表面温度"快速上升—下降—再上升"转变过程中的潜在影响机制是什么? 具体来说,三个时期西太平洋副热带高压和东太平洋副热带高压的强度和经向迁移对东亚冬季风和 NPGO 的调整机制是什么? NPGO 是如何影响黑潮入侵南海,进而调制南海海表面温度年代际转变的?

因此,本书首先利用几种不同的数据研究 1980—2024 年南海海表面温度的变化趋势,分析从表层至 1 600 m 深的海水温度变化。为了评估不同过程对 1997 年和 2013 年前后南海表层海温上升和下降趋势的作用,本书对 1980—2024 年的南海上混合层海温进行了热收支分析。此外,本书也分析了太平洋的海平面气压和风场变化,以探讨南海表层水温出现年代际变化的潜在机制。

结合多源再分析数据,基于趋势分析、热收支分析、相关性分析和回归分析,系统探究南海冬季海表面温度年代际转变的调制机制,明确净热通量和水平环流对南海北部海表面温度年代际转变的调制作用,明晰北太平洋副热带高压经向迁移导致的风场和 NPGO 异常对南海北部净热通量和黑潮入侵南海过程的调制机理,为探究南海海表面温度时空分布打好基础,为预测海南陆地和海洋气候提供帮助。

本书拟使用多源海洋和大气再分析数据,系统探究局地热动力学过程和太平洋、大西洋、印度洋大尺度信号遥强迫作用对南海冬季海表面温度的年代际转变的影响,主要研究内容分为以下三个方面:

(1) 南海海温时空变化特征。基于多源再分析数据,开展南海海表面温度变化趋势分析。探究海表面温度变化速率折点,量化各时期海表面温度变化速率,对比南海北部和南部的变化速率差异,分析 1997 年和 2013 年前后南海冬季海表面温度年代际转变特征。

(2) 局地热动力学过程对南海海表面温度的影响。基于热收支分析,探讨不同时期净热通量项和水平热输运项对南海冬季海表面温度变化的作用;

分析局地风场和表层环流变化,评估不同时期热收支方程各项的具体影响因素。

（3）太平洋、大西洋和印度洋遥强迫对南海海表面温度的调制机制。基于相关性分析和回归分析,探讨不同时期 PDO、NPGO 的位相变化对北太平洋副热带高压强度和经向迁移的影响;分析不同时期北太平洋和赤道风场异常变化,研究东亚冬季风和黑潮入侵南海强度年代际转变特征,探究北太平洋异常变化对南海冬季海表面温度的遥强迫调制机制。

第二章

使用数据与相关方法

第一节 数据资料

为了分析南海海表面温度的低频变化特征,探究引起南海海表面温度年代际变化的不同动力过程和潜在机制,本书主要使用了三种客观分析资料、三种海洋再分析数据和一种大气再分析数据。必须指出的是,除非特别强调,本书使用的所有变量都是月平均异常数据,即原始值与相关气候态平均值的差值。

一、客观分析资料

本书使用的客观分析资料主要包括 HadISST、伍兹霍尔客观分析海气通量(WHOI Objectively Analyzed Air-Sea Fluxes,OAFlux)资料和国际综合海洋大气数据集(the International Comprehensive Ocean-Atmosphere Data Set,ICOADS)。

其中,HadISST 是高精度时空分辨率数据里面具有最长全球记录和实时海表面温度观测的数据,此数据已经被广泛用来研究气候变化和异常现象[7]。使用两阶段最优插值方法对原始观测的 HadISST 数据进行了重构,提供了 1°×1°空间分辨率的再分析海表面温度数据。为了修复局地细节,实时观测数据也并入了这种再分析数据。本书选取的时间范围是 1980 年 1 月至 2023 年 2 月。

OAFlux 是美国伍兹霍尔海洋研究所提供的客观分析全球海气热通量数据[77]。该数据由 OAFlux 计划发展而来,集合了多种观测数据以及再分析资料。OAFlux 提供了日平均和月平均两种类型的数据,空间分辨率为 1°×1°。本书使用的是月平均的海表面温度数据(1980—2023 年)和 4 种表层热通量数据。

ICOADS 提供了两种类型数据。一种是融合了船舶观测、浮标观测和其他海洋观测平台观测资料的观测数据,包括各种海洋大气物理量,比如海面温度、海面湿度、大气温度和表面风;另一种是使用月平均进行统计的数据。ICOADS 提供的海洋数据覆盖过去 3 个世纪,并且自 1960 年以后覆盖全球的简单月平均数据空间分辨率达到了 $1°×1°$[78]。此外，ICOADS 包含了多种观测系统的结果。经历了过去几百年的观测技术进展，该数据有可能是目前数据收集最广泛、最全面的表层海洋资料。本书使用的是 ICOADS 的月平均海表面温度数据。

二、海洋再分析资料

本书使用了海洋再分析数据 SODA2.2.4、OISST 和 ERSST。

SODA2.2.4 数据产自全球简单的海洋资料同化分析系统（the Simple Ocean Data Assimilation，SODA）[79]，由 Parallel Ocean Program（POP）海洋模式同化。经过多年来同化系统的不断升级，SODA 数据集已经出现多个版本。考虑到所使用的物理量和各物理量时间跨度，本书使用的是 SODA 2.2.4 的月平均各层海水温度、风应力和流场数据。

通过水平球面坐标网格重映射，输出变量被重新映射到标准的全球 $0.5°×0.5°$ 水平网格，垂向分为 40 层，时间步长为月。POP 海洋模式由 Twentieth Century Atmospheric Reanalysis（20Crv2）的风场和表面热通量等驱动，同化资料几乎包含所有可获得的水文数据，比如海洋观测站资料、锚定温盐数据和卫星数据。

OISST 数据空间分辨率是 $0.25°×0.25°$，时间范围为 1981—2022 年。

ERSST 数据空间分辨率是 $2°×2°$，时间范围为 1979—2022 年。

三、大气再分析资料

在分析大气环流变化时，本书使用了一种大气再分析资料的表层风场、总云量和海平面气压数据。此大气再分析资料源于美国国家环境预报中心（National Centers for Environmental Prediction，NCEP）和美国大气研究中心（National Center for Atmospheric Research Reanalysis，NCAR）的联合项目（NCEP/NCAR 再分析项目）[80]。该数据使用的各物理量的水平网格空间分辨率为 $2.5°×2.5°$，时间分辨率为月。

四、其他再分析资料

为了探究南海净热通量的变化，除了 OAFlux 数据，本书还分析了 NCEP

的全球海洋数据同化系统（Global Ocean Data Assimilation System，GODAS）和欧洲中期天气预报中心（European Centre For Medium Range Weather Forecasts，ECMWF）提供的热通量数据。其中，GODAS 是 NCEP 为了监测海洋气候变化以及评估美国国家海洋和大气管理局（National Oceanic and Atmospheric Administration，NOAA）对全球海洋观测系统投资收益专门建立的单位[81]。其提供的数据包括位温、盐度、海表面高度和热通量等。本书只使用其中的净热通量数据，其空间分辨率为 $1°×1°$，时间分辨率为月。ECMWF 是一个多国合作的分析全球气候变化并进行天气预报的业务性机构。本书使用数据来自 ECMWF 一个海洋再分析计划（ORA-S3）。ORA-S3 起始于 1959 年 1 月，用来做季节性预报和提供全球海洋信息，以便于研究全球气候变化[82]。ORA-S3 也提供了大量海洋要素数据，比如位温、盐度、海流、热通量。本书使用的月平均净热通量数据，所用数据空间分辨率为 $1°×1°$。

第二节 资料处理方法

本书在对数据进行处理过程中，使用了线性趋势分析、EOF 分解、回归分析、低通滤波、相关性分析和热收支分析等方法。

一、线性趋势

本书在计算海表面温度异常、热通量各项和风应力等线性趋势时，利用的是基于最小二乘法的线性拟合方法[83]。最小二乘法的原理如下：

假设一组数据 $\{y\}$ 随时间 $\{t\}$ 的变化大致呈线性变化，则设 $y_i = a + b × t_i$，其中 a 和 b 为任意实数。求解方程就是求解 a 和 b 两个参数。将 $\delta_i = y_i - y$ 称为误差，也称剩余。当剩余平方和最小时计算出 a 和 b，此即最小二乘法的原理。求解到 a 和 b 后，可得到数据 $\{y\}$ 的线性趋势。

二、EOF 分析

EOF 分析，有时也称之为主成分分析（principal component analysis，PCA）或者特征向量分析（eigenvector analysis），是一种分析矩阵的特征值，提取矩阵中主要数据特征量的方法。在地学数据分析中，通常把特征向量对应的序列称为空间样本,有时也称特征向量为空间模态或者空间特征向量;而分析矩阵结构得到的主成分时间序列表示的是对应空间特征向量的时间变化,因此被称为时间系数。因此地学中也将 EOF 分析称为时空分解。EOF 分析的主要特点就是可以去除随机干扰项以及次要因子,最终保留分析问题的主要影响因子。

EOF 分析的原理和计算步骤如下:

(1) 首先基于分析目的,对需要分析的海洋或大气要素的原始资料进行距平处理,得到距平数据矩阵 $X_{m \times n}$。

(2) 由距平矩阵 X 求出其转置矩阵 X^T,进而求得协方差矩阵 $A_{n \times n} = \dfrac{1}{n} X \times X^T$。

(3) 计算实对称矩阵 A 的所有特征值($\lambda_1, \lambda_2, \cdots, \lambda_m$),使用 Jacobi 方法求出对应的各个特征向量 V。

(4) 使用沉浮法将特征值做降序排列,并重新定义对应特征向量的序数。根据特征值计算各模态所占的方差贡献。

但在实际问题处理过程中,经常出现 $m > n$,即空间点数量大于时间点数量的情况,此时为了简化计算,可先计算出 $X^T X$ 的特征值,然后求 $X X^T$ 的特征向量,这种方法叫作时空变换。这种方法的原理是基于 $X^T X$ 和 $X X^T$ 具有相同的特征值。

三、低通滤波

在实际问题分析过程中,当分析某个物理量时间序列的周期时,通常关注其主要周期而忽略其次要周期,这种筛选主要周期的过程称为滤波。使用某个滤波器将一种时间序列转变成另外一种时间序列,这种过程记为过滤或滤波。一般地,根据滤波器保留的频段可以将滤波分为三部分,即低通滤波、带通滤波和高通滤波。低通滤波是去掉原始数据中的高频部分而保留低频部分;高通滤波是滤掉原始序列中的低频部分,保留高频部分;带通滤波则保留某一频带里的值,高频和低频部分都滤掉。本书在对南海海表面温度异常数据进行 EOF 分解之前,先对数据进行低通滤波处理。因为我们关注的是海表面温度的年代际变化和长时间趋势,所以对原始数据进行了 7 年低通滤波处理,滤掉海表面温度的年际变化、季节变化以及更高频的变化。同样,文中对其他物理量使用的低通滤波方法也突出该物理量的年代际变化和长期间变化趋势。

四、相关性分析

相关性分析是衡量两个变量之间关系的密切程度的方法。一般用 r 表示相关系数。r 的正、负分别代表两个变量之间为正相关还是负相关的关系。r 的绝对值越大,表示两个时间序列的相关性越好,但相关性好与不好必须经过显著性检验。本书使用 t 检验来判断两个时间序列之间的相关性。假设我们研究的两个变量分别为 a 和 b,a、b 的观测时间长度一样,均为 k,这样我们就能得到两组长度均为 k 的参量 $[a]$ 和 $[b]$,$[a]=[x_1, x_2, x_3, \cdots, x_k]$,$[b]=[y_1, y_2, y_3, \cdots, y_k]$,那么这两组参量之间的相关系数可以用以下公式表示:

$$r = \frac{\sum\limits_{i=1}^{n} x_i y_i - n \bar{x} \bar{y}}{\sqrt{\left(\sum\limits_{i=1}^{n} x_i^2 - n \bar{x}^2\right)\left(\sum\limits_{i=1}^{n} y_i^2 - n \bar{y}^2\right)}} \tag{2-1}$$

五、回归分析

回归分析是研究两个或两个以上变量之间相互依赖的定量关系及其数学模型的可靠性的一种统计分析方法。若两个变量之间具有线性相关关系,则称这种回归分析为线性回归分析。回归直线的表达式为 $y = a \cdot x + b$,其中 a 和 b 是通过样本估计得出的,存在一定误差。二者表征了两个变量之间的变化趋势。回归分析的基本步骤如下:

(1)判断分析问题,寻找自变量和因变量,并判定二者之间是否有相关关系。

(2)建立回归模型,寻找合适的数学表达式,并求解表达式中的各个参数。

(3)由于涉及的变量具有不确定性,要对回归模型进行显著性统计检验。

(4)根据通过检验的回归模型去估计、预测因变量。

本书使用的是线性回归模型,表达式为 $y = b \cdot x + a + e$,e 是随机变量,称为随机误差。随机误差是预报值与真实值出现偏差的主要原因,这种偏差的大小取决于随机误差的方差。a 和 b 是统计分析出的估计值,也存在误差,这也是预报值与真实值出现偏差的原因之一。随机误差产生的主要原因之一为用线性回归模型近似代替真实模型本身就存在误差,这种模型近似代替所引起的误差就包含在 e 中。引起因变量变化的原因可能不止一个,可能还有其他因素,这也会导致随机误差的产生。由于测量工具和测量方法的原因,用测量值代表真实值也存在一定误差。误差越小,回归模型拟合效果越好。

六、热收支分析

为了探究 1980—2023 年南海海表面温度的年代际变化,分析两个不同时间段内海表面温度不同的趋势的原因,本书对 1980—2023 年南海上混合层的海温进行了热收支分析[84]。热收支方程可以表示为以下形式:

$$\frac{\partial T_m}{\partial t} = \frac{Q_{net}}{\rho C_p h_m} - u \cdot \nabla T_m - w_e \frac{(T_m - T_d)}{h_m} \tag{2-2}$$

式中:T_m 代表上混合层温度,很好地表征了海表面温度;Q_{net} 是净热通量,由大气进入海洋为正;h_m 表示混合层深度;u 是水平海流;w_e 是垂向夹卷速度;T_d 是上混合层以下的海水温度;ρ 表示海水密度。为了简化计算,本书取 $\rho =$ 1 024 kg/m³。C_p 表示海水比热。为了方便处理,取 $C_p =$ 4 007 J/(kg·K)。本书在计算混合层深度时使用的是 SODA 各层海水温度,计算标准如下:混合层以内平均温度比混合层以下温度高 0.5 ℃[85]。这种标准使得我们在中纬度海域估算的混合层深度非常合理,并且上混合层深度平均的海温更加接近于海表面温度。

使用小扰动法对式(2-2)中各个物理量进行处理,去掉平均态和两阶小项,我们得到以下方程:

$$\frac{\partial T'_m}{\partial t} = \frac{Q'_{net}}{\rho C_p h_m} - (\bar{u} \cdot \nabla T'_m + u' \cdot \nabla \bar{T}_m) + R \tag{2-3}$$

式中:撇号代表异常,上划线代表气候态平均,R 代表余项。接下来本书将式(2-3)前四项依次记为温度异常趋势项、表面热通量异常强迫项、水平平均流场输运异常温度场项、水平异常流场输运平均温度场项。由于平均和异常的垂向夹卷项远小于其他几项,所以本书忽略此两项,将其放在余项 R 中。除此之外,水平异常流场输运异常温度场项也远小于其他各项,也被放在余项 R 中进行讨论。因此,水平平流热输送项是式(2-3)第三项和第四项的和。

一般来说,当研究上混合层温度长时间趋势变化时,式(2-3)右侧净热通量项和海洋平流热输送项要比左侧温度异常趋势项大两个量级[10]。也就是说,当温度变化较小或者随时间呈线性变化时,海洋平流热输送项和净热通量项维持平衡。式(2-3)右侧两项表现为大量之小差。略去小项,保留大项,对

方程(2-3)进行简化处理,上述热收支方程可以表达为:

$$0 = \frac{Q'_{net}}{\rho C_p h_m} + D'_0 + R \tag{2-4}$$

式中:D'_0 表示海洋动力学作用对温度的贡献,简化处理后,在本书中被认为等同于海洋平流热输送。

净热通量 Q'_{net} 可以分为 4 部分:向下的短波辐射 Q'_s、向上的长波辐射 Q'_l、向上的潜热通量 Q'_e 和向上的感热通量 Q'_h。

$$Q'_{net} = Q'_s - Q'_l - Q'_e - Q'_h \tag{2-5}$$

七、模型实验

本书采用的模型为美国大气研究中心于 2010 年发布的通用地球系统模型(The Community Earth System Model,CESM),具体版本为 CESM 1.1.2。CESM 前身为社区气候系统模型(The Community Climate System Model,CCSM)。CESM 耦合了数个和气候变化紧密相关的模块,如大气、海洋、陆地和冰冻圈,并囊括了生物演变、人文演变和大气化学等过程。CESM 及其前身 CCSM 被广泛应用于气候变化的预测和研究,是当今气候模拟所采用的主流模型[86]。CESM1 由许多模块共同构成,这些模块可以以不同的配置通过耦合器(CPL7)互相耦合。另外,虽然 CESM1 版本取代了 CCSM4,但用户可以用 CESM1 等效运行 CCSM4 实验。本书主要采用的是 CESM1 的 ocean-only 版本,其中主要的耦合模块是大气模块、陆地模块、海冰模块以及海洋模块。

1. 大气模块 CAM5(The Community Atmosphere Model 5)

在本书中,我们使用的大气模块为 CESM1 发布的第五代大气环流模块 CAM5。这个模块相对其前身 CAM4 在物理过程和参数化方案上有重大改进。首先,虽然两者的大气动力学过程非常相似,但是 CAM5 的非绝热过程的参数化(除深对流参数化以外)有了明显改进。其次,CAM5 也对水(包括液态、冰、水汽)和气溶胶本身的模拟,以及它们同气候系统其他各变量之间的相互作用做了重要改进。此外,CAM5 还针对云量(cloud fraction)、云粒子(cloud partical)的形成、气溶胶的形成和消除、气溶胶和云粒子的辐射特性、辐射传输及对流、湍流等过程开发了新的参数化方案。新的参数设置使得 CAM5 可以估计气溶胶的间接影响,这在 CAM4 中是不能实现的。

2. 陆地模块 CLM(The Community Land Model)

陆地生态系统通过能量流动(如太阳能转化)与物质循环(包括水和微量气体)对气候产生重要影响,因此 CESM1 的陆地模块 CLM 旨在从不同空间和时间尺度上模拟影响陆地生态系统的物理、化学和生物过程。CESM1 和 CCSM4 中都采用了 CLM4。与之前版本的 CLM 相比,CLM4 改进或增加了碳(C)氮(N)预测模型、城市峡谷模型(Urban Canyon Model)、动态植被模型和水文模型等。为了保证全球质量守恒,CLM4 采用了动态陆地覆盖方案,并同时对陆地径流和冰山等进行了改进。此外,为了更好地体现人类活动和气候之间的相互影响,CLM4 中还整合了人类农业生产活动的模拟,相应农作物的模拟基于综合生物圈模拟器(Agro-IBIS)的农业版本,可模拟的农作物包括玉米、大豆和谷类等。另外,径流的模拟在 CESM1.1 版本中不再属于 CLM,而发展成为一个独立的模块,因此径流的相关模拟以及其对其他模块的影响更为真实。

3. 海冰模块 CICE4(The Los Alamos National Laboratory Sea-ice Model 4)

CESM1 的海冰模块是 CICE4,它相对之前版本的改进主要体现在模型的优化和物理过程的改进。模型优化体现在以下方面:首先,CICE4 采用了更加简便和灵活的计算方案,进一步提升了模式代码运算的速度;其次,CICE4 对数据的传输接口做了优化,加快了数据传输的速度;最后,CICE4 的模型分辨率也得到了提高,使得模型对小尺度物理过程的模拟得到优化。在物理过程方面,最显著的改进在于多重散射短波辐射(multiple-scattering shortwave radiation)的应用以及气溶胶循环、沉积方案,这些改进对高纬度气候平均态和气候反馈过程都有影响。

4. 海洋模块 POP2(The Parallel Ocean Program 2)

POP2 是同时具有完整热力学和动力学过程的全海深海洋模型。相较于之前的版本,POP2 的主要改进是加入了海洋生态系统的模拟。

本书各实验采用相同网格,CAM5 和 CLM4 的空间分辨率为 $1.9° \times 1.9°$,垂向分为 30 层。POP2 的空间分辨率为 $1°$,在赤道附近南北向加密为约 $0.3°$。垂直方向有 60 个非均匀分层,上层海洋分辨率高,从上到下分辨率依次递减,表层 10 m,底层接近 250 m。

从 NCAR 控制实验(1861—2005 年)的结束时间起始,我们使用 CESM

模型在 RCP8.5 场景下运行了 94 年（2006—2099 年），得到海洋和大气变量日平均的输出，此实验记为"CPL85"（表 2-1）。在覆盖实验中，我们首先用CPL85 实验中 2006 年的大气强迫数据（包括风、气温、气压、比湿、降水率、空气密度、净短波辐射和向下的长波辐射）反复驱动 POP2，从而得到 94 年的CTRL 实验（表 2-1）。然后，我们使用 CPL85 实验 94 年的大气强迫场驱动POP2，得到"FULL"实验（表 2-1）。为了隔离风应力或风速变化的影响，我们用 2006 年的风应力或风速反复驱动海洋，所有其他场与 FULL 一样使用 94年数据的循环，从而相应地得到 STRS 或 SPED 实验。另外，我们同时固定2006 年的风应力和风速，从而得到 WIND 实验，以验证 STRS 实验和 SPED实验的可加性。实验结果验证了两个实验有较好的线性可加性。

由此，FULL-STRS 实验可以计算出风应力对海洋变化的影响（WS 反馈），FULL-SPED 实验可以计算出风速的贡献（WES 反馈），WIND-CTRL 实验可以计算出 CO_2 的直接热效应。需要强调的是，这里 WES 反馈仅考虑了风速变化对海洋的直接热效应，不包括完全耦合模式中 WES 反馈对大气过程的间接影响[87]。FULL-CTRL 实验模拟了耦合 CESM1.1 模型中的全部效应，包含了上面的所有反馈。我们后续的研究结果都基于月平均场，大西洋尼诺下各物理量的异常值来源于各实验的数值场减去本身的气候态平均，而全球变暖下的类尼诺升温则是计算了 2006—2099 年的线性趋势场。

表 2-1　CESM1.1 和 POP2 实验介绍

名称	运行年数	描述
CPL85	94	以 CESM 模型从 2006—2099 年在 RCP85 情景下模拟
FULL	94	利用 CPL85 实验 2006—2099 年的大气场驱动 POP2
CTRL	94	利用 CPL85 实验 2006 年的大气场驱动 POP2
STRS	94	同 FULL，但是风应力驱动固定在 2006 年
SPED	94	同 FULL，但是风速驱动固定在 2006 年
WIND	94	同 FULL，但是风应力和风速驱动固定在 2006 年

第三章

南海海温时空变化

第一节 南海环流气候态特征

在对南海海表面温度低频变化进行分析前,先分析一下南海表层流场和海表面温度场的气候态特征。

图 3-1 为使用 SODA 数据计算得出的南海 1980—2010 年气候态平均的表层环流场。从图 3-1 可以看出,南海上层环流场具有明显的季节性变化特征。前人研究指出,南海环流的季节性变化主要是由交替盛行的季风驱动的。在夏季,南海盛行的季风主要是西南季风。夏季南海风应力旋度场呈现出偶极子模态,北部表现为较弱的正核心,南部则表现为较强的负核心[46]。受这种独特的风应力驱动,夏季南海大致呈现出海盆尺度的反气旋式环流,但在18°N 以南南海东部海域环流流系未发育完全,因此整体上又表现为双涡旋结构,其中越南中部东岸有一支强的离岸流。从整体上看,南海南部环流强度比北部环流的强度要强很多(图 3-1a),夏季西向强化现象比较明显。

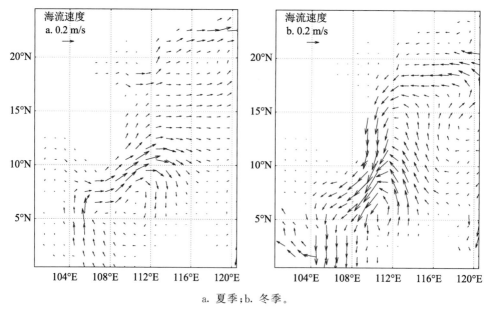

a. 夏季;b. 冬季。

图 3-1 南海气候态平均的表层环流场(1980—2010 年)

在冬季,南海风应力旋度呈现出东北-西南走向,风应力旋度零等值线大致从台湾岛南部延伸至越南东部外海,整体上表现为海盆尺度气旋。受此季风驱动,南海基本呈现出海盆尺度的气旋式环流,并伴有两个次海盆尺度的气旋式环流,其中西向强化非常明显。在越南东南外海有一个非常显著的气旋式涡旋,如图 3-1b。

第二节 南海海表面温度气候态特征

图 3-2 为使用 HadISST 数据得出的南海 1960—2013 年气候态平均的海表面温度场。

在冬季,对比分析可以发现图 3-2b 与 Fang 等通过观测资料计算出的结果非常相似[43]。南海海表面温度等值线大致呈现出东北-西南走向。在西南部海域,平均海表面温度高于 26 ℃;而在东北海域,平均海表面温度则低于 24 ℃。实际上,这种向东北弯曲的海表面温度等值线正是受季风影响的表现:冬季南海盛行东北季风,环流结构受季风和地形共同作用,呈现出图 3-1b 所示的形态,海表面温度又受环流影响,从而显示为图 3-2b 所示的向西南弯曲的形态。冬季南海海表面温度场一个显著的特征就是在越南外海大陆坡存在一条冷舌[13]。该冷舌大致于第一年 12 月份形成,来年 3 月份消失,正好将巽他大陆和南海深水海盆分隔开。冬季东北季风带来了冷而干的空气,使海气界面热通量异常,导致该冷舌现象的出现。另外,冬季强的南向沿岸西边界流也是形成此冷舌现象的重要影响因子。

和冬季形成对比,南海夏季海表面温度场最显著的特征是冷丝的出现,如图 3-2a 所示。该冷丝存在于越南沿岸东侧,大致处于 11°N。近年来很多科学家对南海夏季冷丝的形成原因进行了深入探讨。夏季南海盛行的西南季风受越南东部南北走向的高山阻挡,在西贡东侧海域形成风急流[12]。该风急流形成强的风应力旋度,有利于沿岸上升流的形成。此外,夏季越南离岸流的驱动促成了上述冷丝现象。该冷丝的存在,阻止了南海海盆持续升温,使得南海平均海表面温度在全年形成显著的双峰结构。

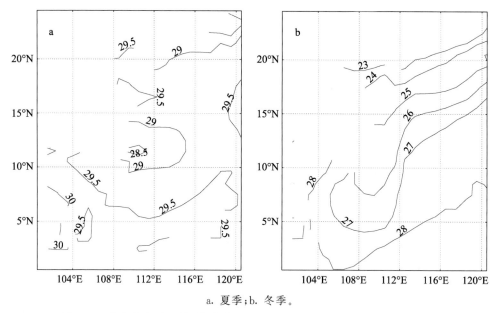

a. 夏季；b. 冬季。

图 3-2　南海气候态平均的海表面温度场（1980—2010 年）（单位：℃）

第三节　南海海表面温度的低频变化特征

首先，将 HadISST 中南海海表面温度数据（1980—2013 年）进行距平处理，再通过 7 年低通滤波保留数据年代际和更长时间尺度的变化特征。然后对滤波后的南海海表面温度异常进行 EOF 分析，得到空间特征向量和对应的各个主成分（图 3-3）。前两个模态中，EOF 第一模态（EOF1）占总方差贡献的 86.7%，第二模态（EOF2）占总方差贡献的 9.8%。通过 North 标准检验，第一模态和第二模态之间存在显著差异[88]。

从图 3-3a 和图 3-3b 可以看出，第一模态的空间特征表现为整个海盆的升温趋势。然而，这种升温趋势在 1980—2013 年并不是固定不变的，EOF1 的第一主成分（PC1）在 1980—1999 年表现为强的升温趋势，在 2000—2013 年表现为弱的降温趋势。将 PC1 与 Fang 等[43]、Cheng 和 Qi[44] 的研究进行对比，发现在重合时间段内三者计算结果具有很好的一致性。以上结果说明，在 1980—2013 年期间，南海海表面温度呈现出整体的上升趋势，但最后 10 年出现了"下降"现象。下文将对这一现象进行核实验证，并分析其影响因素和产生机制。

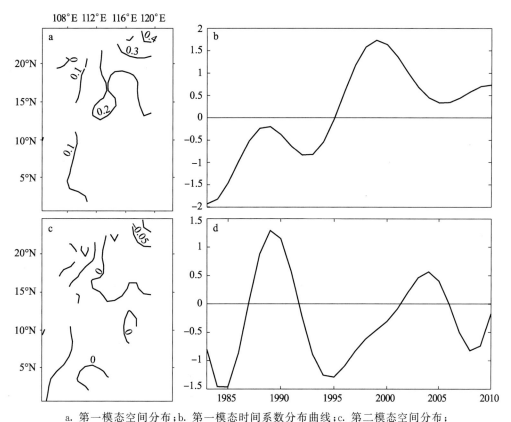

a. 第一模态空间分布；b. 第一模态时间系数分布曲线；c. 第二模态空间分布；

d. 第二模态时间系数分布曲线。a 中等值线间隔为 0.1，c 中等值线间隔为 0.05，单位为℃。

b 和 d 中时间系数序列进行了标准化处理。

图 3-3 基于 HadISST 对 1980—2013 年南海海表面温度异常进行 EOF 分析

前两个模态空间分布和时间系数

为了分析南海海表面温度变化与全球气候变化之间的关系，本书将上述 PC1 时间系数与全球平均 7 年低通滤波后的海表面温度异常进行了相关性分析，发现两个时间序列的相关系数达到了 0.84，并且通过 t 检验（图 3-4）。如此高的相关系数表明南海海表面温度异常第一模态很可能与全球变暖相关。为进一步确定二者关系，本书基于南海海表面温度异常的 EOF 分析第一模态时间系数对全球海表面温度距平场进行了回归分析（数值代表线性回归斜率值）。特别需要指出的是，本书使用 F 检验对所有线性回归系数进行了显著性检验。结果表明，该回归空间场基本和全球海表面温度线性变化趋势场类似[89]。全球海洋基本呈现出升温趋势，但在北太平洋、近极地北大西洋和东部热带太平洋等区域表层海洋呈现出较弱的升温趋势，个别海域甚至呈现为降温趋势。这表明,南海海表面温度变化与全球海表面温度变化基本同步,南海海表面温度独特的变化正是全球变暖变化在局地区域的反映。

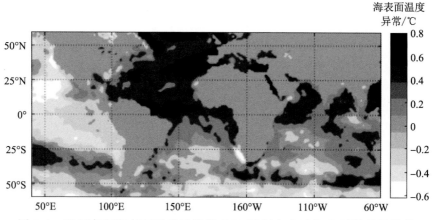

图 3-4　基于南海海表面温度异常的 PC1 回归出全球海表面温度异常的空间场(1980—2010 年)

为了验证上述 EOF 分析结果,图 3-5 给出了基于 HadISST、OAFlux、SODA 和 ICOADS 四种数据计算的海盆平均 7 年低通滤波后的南海海表面温度异常时间序列。与图 3-3 展示的 HadISST 的 EOF 分析第一模态对比,图 3-5 中基于四种数据计算出的南海长期变化趋势和年代际变化特征跟 PC1 非常相似。表 3-1 列出了四种数据中南海海表面温度异常时间序列与 PC1 的相关系数。从表 3-1 可以看出,四个相关系数数值皆大于 0.89,并且在 99% 置信水平上统计性显著。

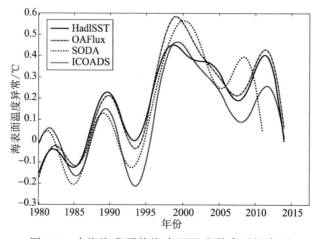

图 3-5　南海海盆平均海表面温度异常时间序列

表 3-1　四种数据低通滤波处理后的南海海表面温度异常时间序列与 HadISST 的 PC1 时间序列的同期相关系数

	HadISST	OAFlux	SODA	ICOADS
PC1	0.99	0.98	0.89	0.89

注:所有数值都通过了 99% 置信水平显著性检验。

　　数据验证得出,南海海表面温度异常在 20 世纪 80 年代至 21 世纪 10 年代整体上呈现出上升趋势,但其存在明显的年代际变化,在 2000 年之前表现为显著的上升趋势,2000 年之后转变为弱的下降趋势。基于月平均的全球最优插值海表面温度数据对南海海表面温度异常进行了分析,也得出南海海表面温度在 1993—2001 年呈现出上升趋势,在 2001—2005 年表现为下降趋势[44]。但是,它们的时间序列受限制,并且没有深入探讨南海海表面温度这种独特年代际变化的发生机制。

　　前人已经发现,全球变暖在 21 世纪前 10 年减缓,并且分析了其区域性和季节性变化特征。之后,科学家提出大量可能的机制来解释 21 世纪前 10 年全球变暖减缓的现象。一种学派认为外部强迫是 21 世纪前 10 年全球变暖减缓的原因,比如太阳辐照度的减少,平流层气溶胶的增多,平流层水蒸气浓度的显著降低,等等。另一种学派将其归结于气候自然变率。因此,21 世纪前 10 年全球变暖减缓的原因仍未形成定论。全球变暖减缓很有可能对 21 世纪前 10 年南海表层升温减缓有重要影响,但南海海表面温度异常出现如此显著的年代际变化有可能有其独特机制,有待于研究发现。

　　为了研究南海海表面温度异常在两个时间段内的细节变化,图 3-6 展示了 1984—1999 年和 2000—2009 年南海海表面温度异常的线性趋势。正如预期,从 1984 年到 1999 年,几乎整个南海海盆呈现出显著的升温趋势(图 3-6a)。升温趋势最明显的区域出现在台湾岛西南,升温速率达到了 0.08 ℃/a;第二极大值区位于中部海盆的西侧,达到了 0.04 ℃/a。从整体上看,南海东部平均升温速率大于西部;北部平均升温速率大于南部;南海中部升温趋势等值线较均匀,升温速率为 0.03～0.04 ℃/a。经过计算,在此时间段内南海海盆平均海表面温度的上升速率达到 0.031 1 ℃/a,这比同时期全球变暖速率(0.014 2 ℃/a)要大。

　　与此相反,在 2000—2009 年,几乎整个海盆呈降温趋势,降温速率最大值达到 0.05 ℃/a(图 3-6b)。巧合的是,此段时间内,最明显的降温趋势也出现在台湾岛西南侧。整体上,北部降温速率大于南部,西部降温速率大于东部,在南海中部等值线基本沿经向分布。

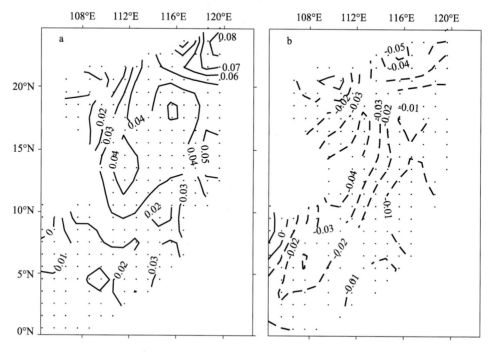

a. 1984—1999 年;b. 2000—2009 年。实心点表示通过 95％置信度检验。

等值线间隔为 0.01 ℃/a,实线和虚线分别代表正值和负值。

图 3-6　基于 HadISST 的南海海表面温度异常线性趋势(单位:℃/a)

基于三种不同的全球海表面温度再分析数据,图 3-7a 表明近 42 年南海冬季海表面温度呈现出显著的年代际变化特征:在 20 世纪 70 年代末至 90 年代末呈现显著的上升趋势,之后经历了 17 年左右的下降现象,21 世纪 10 年代初以后再次出现强劲的上升趋势。为了更客观地监测南海冬季海表面温度下降和再上升的转变时间节点,我们寻找海表面温度趋势变化的折点[90]。图 3-7b 和 3-7c 展示了海表面温度 1983—2015 年的变化趋势。从图 3-7 可以看出 1997 年和 2013 年分别为"快速上升—下降"和"下降—再上升"的转折年份。因此,本书筛选 1997—2013 年为降温期,2013—2019 年为再升温期,系统探究南海冬季海表面温度年代际转变特征及其影响机制。

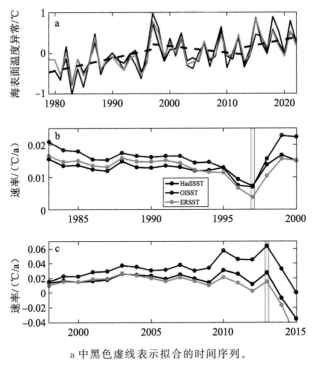

a 中黑色虚线表示拟合的时间序列。

图 3-7　1979—2022 年南海冬季海表面温度异常时间序列（a）和
1983—2015 年南海冬季海表面温度变化趋势（b、c）

基于全球再分析数据 HadISST,在 1979—1997 年南海冬季海表面温度上升速率达到 0.031 1 ℃/a（$P=0.1$）,在 1997—2013 年降至 −0.016 2 ℃/a（$P=0.31$）,在 2013—2019 年上升速率再次反弹,达到 0.027 1 ℃/a（$P=0.46$）。基于同样的方法,我们使用 OISST 和 ERSST 两种不同数据分别计算了三个时期南海冬季海表面温度的变化速率,其结果与基于 HadISST 的分析基本一致（表 3-2）。

表 3-2　南海冬季海表面温度变化趋势　　　　　　　　　单位：℃/a

	1981—1997 年	1997—2013 年	2013—2019 年
HadISST	0.031 1（$P=0.1$）	−0.016 2（$P=0.31$）	0.027 1（$P=0.46$）
OISST	0.044 2（$P=0.03$）	−0.030 1（$P=0.14$）	0.062 6（$P=0.04$）
ERSST	0.026 0（$P=0.15$）	−0.020 4（$P=0.21$）	0.015 0（$P=0.45$）

图 3-8 分别展示了降温期（1997—2013 年）和再升温期（2013—2019 年）南海冬季海表面温度变化趋势的空间分布。整体上看,1997—2013 年南海呈

较弱的降温趋势。其中,南海北部区域(110°E～120°E,12°N～24°N)降温趋势显著,尤其是北部陆架陆坡区和西边界流区域,最大降温速率可达0.06 ℃/a;南海南部区域(100°E～120°E,0°N～12°N)呈弱升温趋势,主要集中于泰国湾和加里曼丹岛西北部海域。然而,在 2013—2019 年南海呈大面积快速升温趋势。其中 16°N 以北海域升温趋势尤其显著,最大升温速率可达0.1 ℃/a;16°N 以南海域呈相对较弱的升温趋势,升温区域主要集中于越南东南部外海和南海东边界区域。值得注意的是,两个时期降温或升温的核心区域都在南海北部,但影响区域差异较大。具体来说,1997—2013 年海表面温度下降区域集中于 20°N 以北海域,而 2013—2019 年海表面温度显著上升区域扩大至 16°N。后文将基于西太平洋副热带高压位置和强度变化分析两个时期海表面温度变化显著区域的差异。

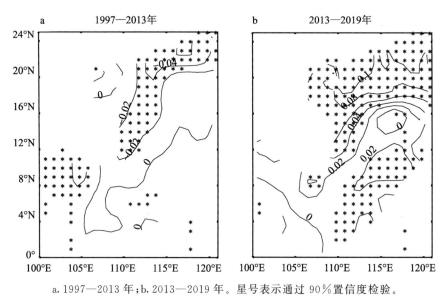

a. 1997—2013 年;b. 2013—2019 年。星号表示通过 90% 置信检验。

图 3-8　基于 HadISST 分析的 7 年冬季低通滤波海表面温度变化趋势的空间分布

　　为进一步分析南海海表面温度变化的南北差异,图 3-9、图 3-10 展示了南海北部和南部的海表面温度整体、低通滤波和高通滤波处理后的时间序列。从图 3-9 可以看出,在 2013 年前后南海北部海表面温度经历了显著的上升减缓向再快速上升的转变,而南海南部海表面温度年代际变化不显著。基于全球再分析数据 HadISST,在 1997—2013 年,南海北部海表面温度变化速率为－0.035 6 ℃/a(P = 0.06),南海南部海表面温度变化速率为－0.133 3 ℃/a(P = 0.39);在 2013—2022 年,南海北部海表面温度变化速率为 0.091 5 ℃/a

（$P=0.04$），南海南部海表面温度变化速率为 $0.007\ 0\ ℃/a(P=0.08)$。将南海北部和南部海表面温度进行 7 年低通滤波和高通滤波处理，发现在 2013 年前后南海北部低通滤波处理后的海表面温度呈现较明显的"下降—再上升"的转变，而南海南部低通滤波处理后的海表面温度时间序列非常平缓，无"下降—再上升"的转变。此外，研究发现南海南部海表面温度的年际变化信号显著，标准差达到 0.30，显著大于北部海表面温度的标准差 0.1，这可能与南海南部地处热带，更易受 ENSO 信号的影响有关[12,13,40]。

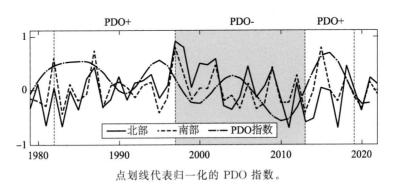

点划线代表归一化的 PDO 指数。

图 3-9　基于 HadISST 分析的 1979—2022 年南海北部（实线）和
南部（虚线）冬季海表面温度时间序列图

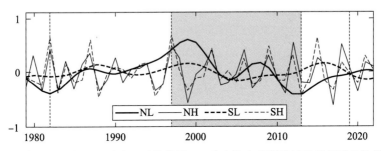

NL 为南海北部低通滤波处理后的结果；SL 为南海南部低通滤波处理后的结果；
NH 为南海北部高通滤波处理后的结果；SH 为南海南部高通滤波处理后的结果。

图 3-10　7 年低通滤波和高通滤波处理后的南海北部、南部冬季海表面温度时间序列图

利用多种客观分析数据、海洋再分析资料和大气再分析资料，本章研究了南海近 40 年海表面温度年代际的变化特征。南海海表面温度在 1997 和 2013 年前后经历了显著的"快速上升—下降—再上升"的转变，这主要由南海 20°N 以北的海域贡献，16°N～20°N 范围的小部分海域存在年代际转变，而 12°N 以南海域基本上无该年代际转变现象。

第四章

局地热动力学过程影响

第一节 热收支分析结果

为了探究南海海表面温度在过去 40 年不同时期呈现出不同年代际变化特征的动力机制,本书对 1980—2023 年的南海上混合层海温进行了热收支分析。前文已经介绍了热收支方程中各项对上混合层温度变化趋势的贡献,指出海表面温度的变化趋势主要受海气界面净热通量和海洋动力过程影响。如果海表面温度变化趋势很小或者呈线性变化,则可以用海洋平流热输送和净热通量的变化量来定量解释,二者表现为大量之小差[详见式(2-4)]。对于某一区域,海洋平流热输送是正值,表示其对上混合层升温趋势有正贡献或对上混合层降温趋势有负贡献,称为暖平流;反之,则表示其对上混合层升温趋势有负贡献或对上混合层降温趋势有正贡献,称为冷平流。

图 4-1 展示了 1984—1999 年和 2000—2009 年两个时期南海净热通量和平流热输送的线性趋势空间场。

从图 4-1 可以看出,在 1984—1999 年,整体上平流热输送有利于温度升高(图 4-1c),而净热通量则对升温趋势起阻尼作用(图 4-1a)。在此时期内,南海表面表现为整个海盆平均升温。与此同时,除了中部海盆,整个海域基本表现为向下的净热通量减少。因此,海表面向大气释放热量,南海处于失热状态。接下来,我们发现在此时期,向下的短波辐射是整体减少的,而向上的潜热通量和感热通量是增加的(表 4-1 和图 4-2),这三项的异常变化导致了南海净热通量减少。

此时期内,南海海表面温度上升速率为 0.04 ℃/a,16 年内南海海盆平均共升温约 0.6 ℃。由表 4-1 可得出,南海的海表面净热通量约以每年 0.54 W/m² 的速率递减,16 年内约共减少 8.70 W/m²。进一步简化计算,粗略估计净热通量对海表面温度变化的贡献,取南海平均混合层厚度为 30 m,那么净热通量的变化将使南海海表面温度在 1984—1999 年 16 年内共降低 0.18 ℃,抑制了南海海表面温度的上升趋势。而平流热输送项约以每年 0.56 W/m² 的速率增加,16 年内共增加约 8.94 W/m²,那么平流热输送项会使南海海表面温度升高 0.18 ℃,表现为热平流。从表 4-1 可以得出,海盆平均的余项对海表面温度变化的影响远小于净热通量和平流热输送项的作用。余项中主要包含垂向卷夹项,因此,垂向夹卷项对长时间海表面温度变化的影响可以忽略不计。

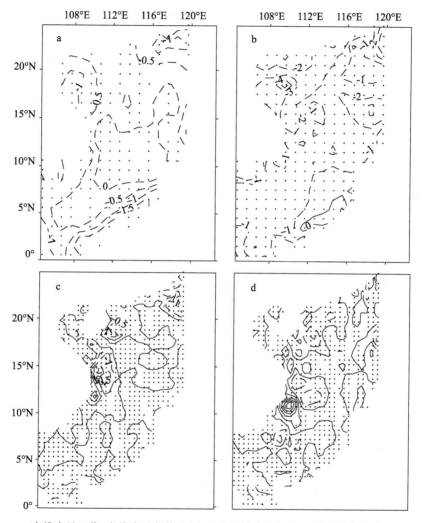

实线表示正值,虚线表示负值,圆点覆盖区域表示通过95%置信度检验。

图 4-1 南海海表净热通量(a、b)和平流热输送(c、d)在 1984—1999 年(a、c)和
2000—2009 年(b、d)两个时期的线性趋势空间场[单位:W/(m² · a)]

表 4-1 南海上混合层热收支方程[式(2-4)至式(2-5)]右侧各项的变化趋势

单位:W/(m² · a)

	Q'_{net}	D'_0	Q'_s	$-Q'_l$	$-Q'_h$	$-Q'_e$	R
1984—1999 年	−0.543 5	0.559 1	−0.184 8	0.479 0	−0.114 5	−0.722 6	0.160 6
2000—2009 年	−1.467 8	1.552 2	−0.573 2	−1.613 2	0.117 4	0.601 6	−0.097 9

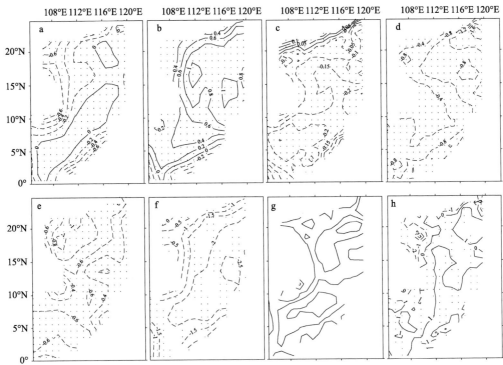

向下为正方向[短波辐射(a、e),长波辐射(b、f),感热通量(c、g),潜热通量(d、h)]。

实线和虚线分别表示正值和负值,置信度超过95%的区域用黑点覆盖。

图 4-2 OAFlux 表层热通量各项在 1984—1999 年(a、b、c、d)和

2000—2009 年(e、f、g、h)两个时期的线性趋势[单位:W/(m² · a)]

综上所述,1984—1999 年南海上混合层持续升温的主要动力机制是热平流作用和向上的长波辐射的减少。其中,感热通量和潜热通量的增多作用大于辐射通量的变化,使得净热通量为负值,海洋失热。因此,净热通量在此时期对南海上层增温趋势起阻尼作用。

在 2000—2009 年,净热通量和平流热输送项的变化是和 1984—1999 年相似的,都是净热通量减少,平流热输送项增加。但不同的是,此时期内,南海上层海温呈降温趋势,因此,净热通量起促进作用,平流热输送起抑制作用。紧接着,我们计算了净热通量四个分量的变化趋势。一方面,向下的短波辐射减少和向上的长波辐射增加,这都有利于南海上混合层海温的降低;另一方面,潜热通量和感热通量的减少则抑制了南海上混合层的海温降低。从表 4-1 可以分析出,潜热通量和感热通量的减少不能平衡消除辐射通量的变化,因此,在此时期内海表面净热通量表现为减少趋势,对海温降低变化起促进作用。

对比图 4-2 和图 3-5,可以发现,此时期内海表面温度变化趋势的空间场与长波辐射和短波辐射变化趋势的空间场非常相似。因此,在 2000—2009 年,南海上混合层的降温趋势主要是由辐射通量的变化导致的,其中海洋平流热输送表现为热输送,以及感热通量和潜热通量的增加都抑制南海上层降温。

本书进行热收支分析时,海流数据和热通量数据来自不同的数据集,很容易产生误差,因此,热收支方程是不闭合的。通过分析发现,忽略的几项(放在余项)对温度变化趋势的贡献远小于热通量各项和水平平流热输送项的作用。但为了确定数据的可靠性,图 4-3 给出三种不同数据中净热通量的变化趋势。从图 4-3 可以看出,整体上南海平均净热通量为正值,表示海洋常年得热,但南海净热通量在 1984—2009 年是持续减少的。对比分析发现,三种数据的时间序列大致相似;除 ECMWF 数据变化趋势较平稳外,OAFlux 和 GODAS 数据都显示出显著的下降趋势。整体上讲,OAFlux 数据可以用来分析南海净热通量的变化。

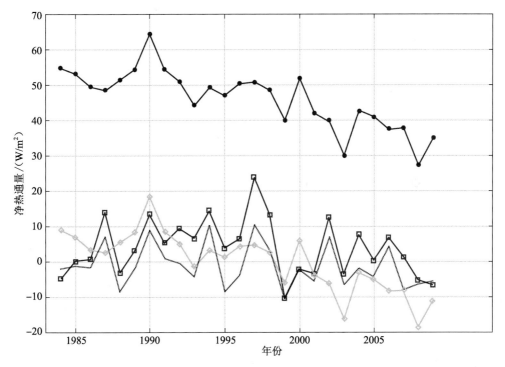

表示 OAFlux 数据,表示 NCEP GODAS 数据(去气候态均值),
表示 ECMWF ORA-S3 数据(去气候态均值),表示 OAFlux 数据(去气候态均值)。

图 4-3 南海净热通量年际变化

图 4-4 展示了升温减缓(1997—2013 年)和再快速升温时期(2013—2019年)南海冬季短波辐射、长波辐射、潜热通量和感热通量变化趋势的空间分布图。整体上看,两个时期内潜热通量对净热通量的变化起主导作用,短波辐射起次要作用,长波辐射和感热通量的作用远小于其他两项的影响。净热通量及各项均向下为正,正值代表海洋吸热,负值代表海洋失热。

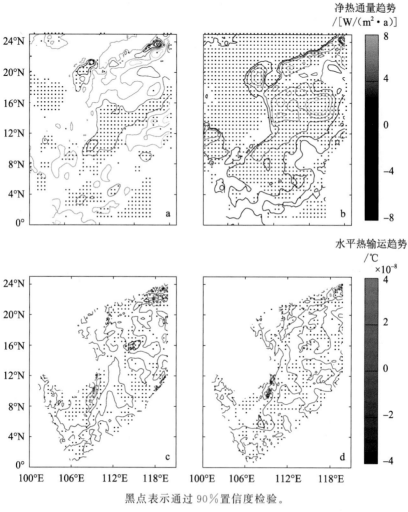

黑点表示通过 90% 置信度检验。

图 4-4 1997—2013 年(a、c)和 2013—2019 年(b、d)净热通量(a、b)
的空间分布和水平热输运趋势项(c、d)

第二节 影响因素分析

在 1997—2013 年,海表面温度在南海西边界北部和中部下降趋势显著。在越南沿岸以东海域(8°N~15°N,109°E~112°E),短波辐射、长波辐射和感热通量变化微弱,蒸发增强引起净热通量减弱(图 4-5e)。在南海北部陆架和陆坡海域(20°N~24°N),潜热通量变化趋势未通过显著性检验,短波辐射、长波辐射和感热通量变化微弱,因此净热通量无显著变化,无法导致海表面温度呈现下降趋势。由前文可知,南海 20°N 以北海域冬季海表面温度下降的主导因素为水平热输运项(图 4-4)。

在 2013—2019 年,南海 16°N 以北海域内海表面温度上升显著,这主要由净热通量增强导致。该时期蒸发速率显著减小(图 4-5),短波辐射缓慢增强,长波辐射和感热通量变化微弱,因此南海 16°N 以北海域净热通量显著增强的主导因素是潜热通量,次要因素是短波辐射。在越南东南部海域(7°N~14°N),海表面温度显著上升,短波辐射变化未通过显著性检验,蒸发速率减弱引起的净热通量增强是主导因素。在南海东南部海域,海表面温度呈现上升趋势,净热通量变化起促进作用,其主要是由短波辐射增强引起的。

在 1997—2013 年,在南海西边界,特别是南海北部陆架和陆坡海域(20°N~24°N)、越南东北部海域(14°N~20°N)、越南东部海域(11°N~14°N),冬季海表面温度呈现出下降趋势(图 4-2a)。热收支分析表明,三处海域的影响机制各不相同。在南海北部陆架和陆坡海域,净热通量变化趋势未通过显著性检验(图 4-4a),自台湾海峡西侧沿岸向西南方向流动的浙闽沿岸流微弱增强($v' < 0$)(图 4-6c),因此$-v' \cdot \frac{\partial \overline{T}}{\partial y} < 0$,异常环流变化引起的水平冷输运导致海表面温度下降。在越南东北部海域,净热通量变化趋势未通过显著性检验,南海西边界流减弱($v' > 0$),$-v' \cdot \frac{\partial \overline{T}}{\partial y} > 0$,因此无法引起海表面温度下降。南海冬季气候态平均的西边界流为南向流($\overline{v} < 0$),$\frac{\partial T'}{\partial y} < 0$,$-\overline{v} \cdot \frac{\partial T'}{\partial y} < 0$,平均环流引起的水平冷输运导致海表面温度下降。在越南东南部海域,西边界流减弱($v' > 0$),$-v' \cdot \frac{\partial \overline{T}}{\partial y} > 0$,因此无法引起海表面温度下降。$T'$变化较小,平均环流引起的水平冷输运项作用很小,此时蒸发速率增大(图 4-5e),净热通量减弱,导致海表面温度显著下降。

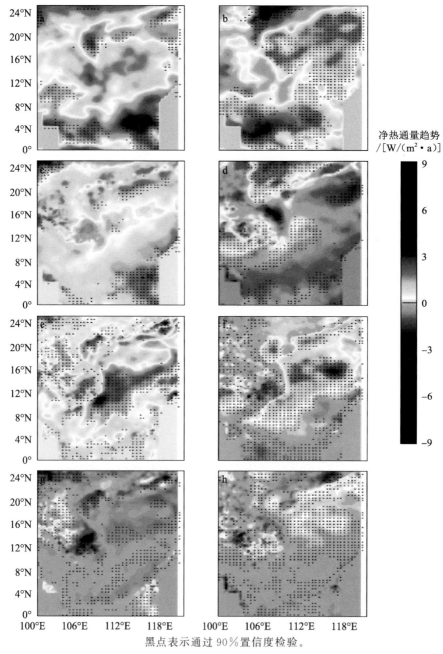

黑点表示通过 90% 置信度检验。

图 4-5　1999—2013 年(a、c、e、g)和 2013—2014 年(b、f、f、h)短波辐射(a、b)、长波辐射(c、d)、潜热通量(e、f)以及显热通量(g、h)的空间分布

在 2013—2019 年,从整体上看,海表面温度呈现出显著上升的趋势(图 4-2b),在南海北部海域,蒸发速率减小(图 4-5f),短波辐射增强(图 4-5b),两者共同引起净热通量增强(图 4-4b),导致海表面温度显著上升。值得注意的是,在黑潮入侵主轴附近区域,净热通量变化趋势未通过显著性检验,此时黑潮入侵增强($u' < 0$)(图 4-6d),$-u' \cdot \dfrac{\partial \overline{T}}{\partial x} > 0$,异常环流变化引起的水平暖输运导致海表面温度上升。

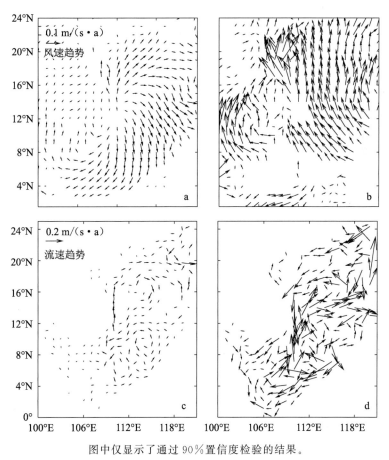

图中仅显示了通过 90% 置信度检验的结果。

图 4-6　1997—2013 年(a、c)和 2013—2019 年(c、d)表层风(a、b)和混合层平均海流(c、d)趋势的空间分布

进一步分析引起辐射通量和潜热通量变化的影响因素。由图 4-7 可知,短波和长波辐射的变化显著受云量影响。整体上看,在云量增多海域,短波辐射减弱,长波辐射增强;反之亦然。例如,在 2013 年前后,南海北部云量由增

加趋势转变为减少趋势,短波辐射由减弱趋势转变为增强趋势,而长波辐射由增强趋势转变为减弱趋势。整体上看,潜热通量变化主要受风速影响,部分海域比湿变化起次要作用。例如,在1997—2013年,在越南东南部海域,云量变化趋势未通过显著性检验(图4-7a),辐射通量变化不显著,而风速增大(图4-6a),蒸发速率增大(图4-5e),导致净热通量减弱。在2013—2019年,在南海北部海域,风速减弱(图4-6b),蒸发速率减小(图4-5f),而比湿对蒸发速率变化起抑制作用。

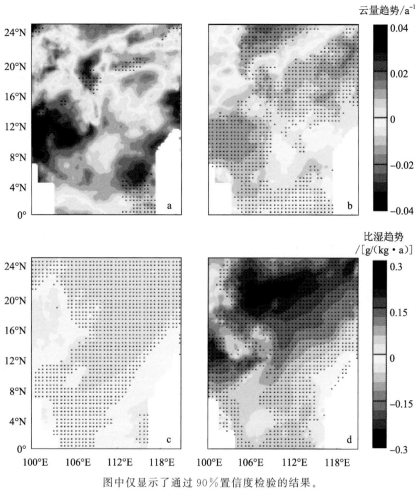

图中仅显示了通过90%置信度检验的结果。

图4-7 1997—2013年(a、c)和2013—2019年(b、d)期间总云量的空间
分布(a、b)和比湿的变化趋势(c、d)

第五章

太平洋遥强迫机制

第一节　北太平洋变化特征

考虑到热带太平洋活跃的海气动力耦合及其对包括热带气旋活动在内的一系列天气和气候现象的深刻影响,人们最近做出了相当多的工作来了解热带太平洋对温室气体引起的气候变暖的响应。大量的模拟研究表明,全球变暖导致了赤道附近相对于亚热带地区的升温加剧。尽管如此,在 ENSO 循环的数值模拟中,热带太平洋区域现有模型的精度仍显著高于其他类似厄尔尼诺现象的模拟水平。

有关厄尔尼诺现象物理机制的研究也取得了一些进展。例如,暖池的蒸发冷却强于冷舌的蒸发冷却是造成厄尔尼诺现象的主要原因。进一步分析表明,赤道增暖的主要原因是气候平均风速对潜热通量效率的影响:在信风盛行的赤道附近,通过潜热通量进行降温较为容易,而在信风较弱的赤道附近,通过潜热通量进行降温较为困难。上述观点也得到了证实,有学者发现赤道海温变暖是由平均蒸发量决定的,而赤道比亚热带蒸发量弱得多[10]。此外,他们还指出风速变化引起的风-蒸发-海温(wind-evaporation-SST,WES)反馈在热带和亚热带海温模式的形成及对温室气体强迫的响应方面具有重要作用。

上面的证据总体上表明了海气热耦合是厄尔尼诺现象变暖的起源,而来自海洋的动力反馈可能会由于陡峭且浅的温跃层而产生类似拉尼娜现象。一般认为,在气候科学领域,ODT(ocean dynamics term)通常指代海洋动力项,用于量化海洋动力过程(如平流、扩散)对海温变化的贡献。在热带太平洋西部地区,由于海洋热平流基本为零,海温必须尽可能地升高,以使上升的表面热通量与施加的下降的热通量保持平衡。因此,赤道海温在东部比西部上升幅度小。然而在本研究中,我们将 ODT 定义为平均海洋动力平流和扩散的影响,不考虑与大气的相互作用。在温室气体的强迫下,ODT 对东太平洋海温上升确实有抑制作用。对于全球变暖下的类厄尔尼诺现象升温,人们通常认为,比耶克内斯(Bjerknes)反馈应该会减少上升流和反常的平流变暖。然而,前人工作表明,尽管信风减弱会导致海洋或上升流垂向速度下降,但同时海洋垂向的层结加强会导致平流冷却,所以比耶克内斯反馈在这里不起主要作用[4]。因此,有人猜测是 ODT 机制导致了海洋动力响应在表面温室作用下的平流冷却。我们将通过数值实验证明事实并非如此。无论如何,正如 Collins

等人所指出的,驱动热带太平洋气候变化的物理机制可能与厄尔尼诺现象的相差甚远,后者常常被用来解释太平洋-北美地区未来的气候变化[91]。

除了海温的变化,热带太平洋在气候变暖时的剧烈变化也包括表面流速的减弱、赤道温跃层的抬升和锐化、温跃层附近的升温最小值及赤道潜流(equatorial undercurrent,EUC)结构的变化等。后两个变化被认为反映了温跃层的抬升作用。以上这些变化通常被认为是对与沃克环流(Walker Circulation)减缓相关的太平洋赤道东部信风变弱的直接反应,这是热带大气层对全球变暖反应的一个显著的特征。然而,这一观点并没有得到明确的证明。此外,尽管近年来关于此项课题的研究繁多,许多问题仍然悬而未决。

为了解决这些问题,Luo 等采用国际先进的 CESM1.1 的海洋耦合模型——平行海洋模型第 2 版(POP2),详细地研究了热带太平洋对全球变暖的响应[92]。他们发现在热带太平洋海温模式的形成过程中,风应力变化仅起次要作用,但风应力变化在表层西向流的减弱和赤道温跃层变化中起主导作用;蒸发作用的影响主要局限于海表,对次表层变化的贡献可以忽略不计。WES引起的东太平洋变暖虽然对厄尔尼诺现象有正向的影响,但由于水平流减少的冷平流的作用,海温变化的情况较为复杂,海洋垂向流速和扩散作用的正异常和负异常均作用于近海表层,这是一种与厄尔尼诺现象截然不同的能量平衡。

实验进一步强调了类厄尔尼诺式升温机制与厄尔尼诺现象机制的不同。例如,前者的特征是温跃层整体变浅,而后者的特征是温跃层东西向倾斜的松弛。虽然东太平洋的上升流在两种情况下都有所减弱,但混合层垂向热输运对混合层温度的总体影响是相反的:全球变暖下的海温下降(由于近地表分层增强)和厄尔尼诺的海温上升。这表明全球变暖下赤道海温模式形成的海洋动力学过程相对被动。

与风有关的效应对类厄尔尼诺现象的海温上升的影响微乎其微。利用全耦合的 CCSM3 模型对风应力和风速进行了覆盖实验,结果表明,WES 在形成赤道海温模式方面的作用要比单独使用海洋模式大得多。

通过辨别平均海温和海洋动力环流变化的影响,认识到它们的次要作用:在温室气体强迫作用下,厄尔尼诺让海温上升的主要途径是大气-海洋热耦合。

前人研究表明,南海海表面温度变化跟太平洋有紧密联系。为了探究导致南海海表面温度在 1984—1999 年和 2000—2009 年两个时期不同变化趋势的可能机制,本书将探讨太平洋中各变量基于南海海表面温度低频变化时间序列的回归场。图 5-1 展示了太平洋海平面气压(the sea level pressure,

SLP)和表面风场基于 HadISST 的南海海表面温度异常 EOF 分析第一主成分时间序列的回归分析空间模态。

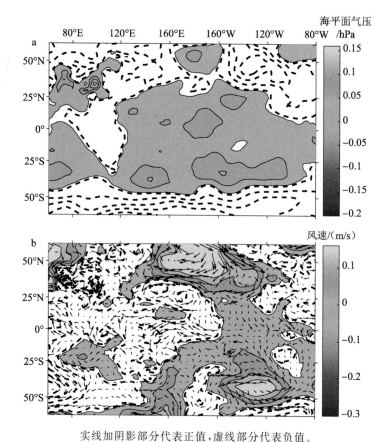

实线加阴影部分代表正值，虚线部分代表负值。

图 5-1 1984—1999 年(a)和 2000—2009(b)两个时期基于南海海表面温度异常标准化第一主成分时间序列的 NCEP/NCAR SLP 和 10 m 风速回归场

可以看出，在 1984—1999 年，回归的 SLP 在整个北太平洋呈现出上升趋势，特别是在西太平洋副热带高压(Western Pacific subtropical high,WPSH)区域。正的 SLP 异常，在北太平洋(包括南海区域)诱导了显著的南风异常。图 5-2 也显示出此时期内南海上空的偏南风异常，这表明在 1984—1999 年，南海气候态平均的北向风是减弱的。由于盛行东北季风的减弱，输运到南海冷而干的空气减少，这就会导致南海云量的增多(图 5-3)。此外，我们发现此时间段内由于南海云量的增加，向上的长波辐射是显著减少的(图 4-2b)。一方面，由于云量增多，向上的长波辐射减少；另一方面，偏南风使得南海出现异常向北的环流，而平均态温度梯度方向大致为从北向南，所以海洋平流热输送也增多,表现为热平流。因此,在 1984—1999 年,南海海表面温度呈上升趋势,这和上一章热收支分析的结果很吻合,即 1984—1999 年南海上混合层升温的主导因素是长波辐射的减少和平流热输运的增加。

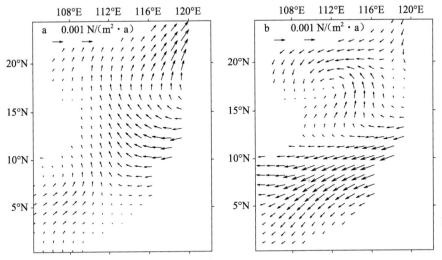

图 5-2　1984—1999 年(a)和 2000—2009 年(b) SODA 南海表面风速线性趋势空间分布

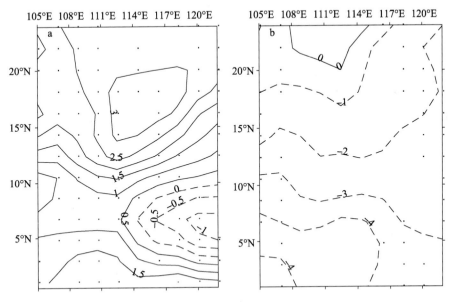

实线部分代表正值,虚线部分代表负值。黑点覆盖区域表示回归分析
置信度超过 95%。回归全云量单位是 1%/a。

图 5-3　1984—1999 年(a)和 2000—2009 年(b)两个时期内基于南海海表面
温度异常标准化第一主成分时间序列的 NCEP/NCAR 全云量回归场

与此相反,在 2000—2009 年,北太平洋 SLP 回归分析场在经向呈现出准偶极子模态:西南部为负异常,东北部为正异常(图 5-1b)。SLP 正异常的中心大致位于 50°N、180°E,与阿留申低压(AL)的中心基本吻合。SLP 在太平洋的东部基本呈现出向赤道方向逐渐减小的特征。SLP 负异常中心大致位于 20°N、150°E,大致与 WPSH 的中心重合。伴随着这种准偶极子模态的南侧负异常,北太平洋的西侧盛行异常北风,其中包括南海区域。此外,在南海区域也可看出此异常北风(图 5-2b),这表明南海气候态平均的北风增强。由于东北季风的增强,输运到南海冷而干的空气增多,这就会导致南海云量的减少(图 5-3b)。此外,我们发现此时间段内由于南海云量的减少,向上的长波辐射是显著增多的(图 4-2f)。一方面,由于云量增多,向上的长波辐射减少;另一方面,短波辐射也是减少的,这可能和太阳辐射本身的变化有关,但具体原因有待于进一步分析。因此,在 1984—1999 年,南海海表面温度呈上升趋势,这和上一章热收支分析的结果很吻合,即 1984—1999 年南海上混合层升温的主导因素是长波辐射的增多和短波辐射的减少,二者变化作用大于潜热通量和感热通量变化对净热通量异常的影响。因此,此期间引起南海上混合层温度呈现降低趋势的主导因素是净热通量,特别是辐射通量的异常。

通过对南海海表面温度、南海经向风异常和 WPSH 异常之间相关性分析,前人研究指出南海海表面温度长时间变化、年际变化可能与经向风异常和 WPSH 异常有关[45]。因此,接下来我们着重研究 WPSH 区域(10°N~40°N,120°E~180°E)平均的 SLP 异常。巧合的是,在 1984—2009 年,7 年低通滤波后的副高区 SLP 时间序列和南海海表面温度时间序列(图 3-5)有很强的相关性,相关系数达到 0.49,置信度超过 95%。以上结果表明,最近 30 年南海海表面温度异常变化很可能与北太平洋的变化有关,特别是副热带高压,二者之间的桥梁即 SLP 异常诱导的异常风。

第二节 北太平洋变化与南海变化的联系

上一节提出,南海局地风场和黑潮入侵南海的变化对南海北部海表面温度年代际变化影响显著。前人研究表明,黑潮入侵南海的变化与太平洋大尺度风场息息相关,而吕宋海峡附近局地风场变化影响较小[27,56,57]。Qu 等评估局地风场驱动的埃克曼输送(Ekman transport)尚不到黑潮入侵南海流量的

$10\%^{[27]}$。基于数值模型,Yu 等分析表明吕宋海峡输运[Luzon Strait transport,LST($0\sim745$ m)]存在显著的 10 年际变化,与太平洋海盆尺度风应力异常变化相一致[93]。为进一步探究引起 2013 年前后南海北部海表面温度由上升减缓向再快速上升转变的潜在影响机制,本书分别计算两个时期内 LST 和东亚冬季风(East Asian winter monsoon,EAWM)变化趋势(图 5-4)及北太平洋 SLP 和风场异常(图 5-5)。

在 1997—2013 年,东太平洋副热带高压及其相关的负风应力旋度南移,热带北太平洋呈现东风异常,北赤道流分叉点向南移动[93],吕宋海峡东侧黑潮增强,黑潮入侵南海减弱(图 5-4a),引起平流冷输运,导致南海北部海表面温度下降。此时西太平洋副热带高压及其相关的负风应力旋度北移,影响范围不包含南海,南海净热通量变化未通过显著性检验。因此,东太平洋副热带高压南移,热带北太平洋出现异常东风,黑潮入侵南海减弱是导致 1997—2013 年南海北部海表面温度上升速率减缓的主要机制。

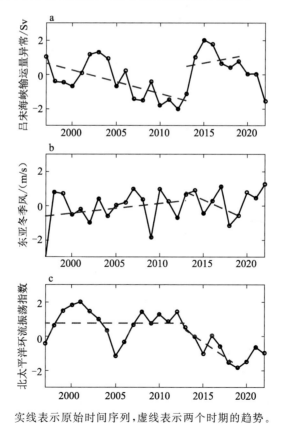

实线表示原始时间序列,虚线表示两个时期的趋势。

图 5-4　1997—2022 年吕宋海峡输运量异常(a)、东亚冬季风(b)和
北太平洋环流振荡指数(c)的时间序列图

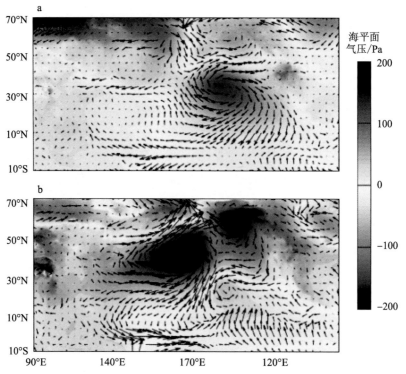

图 5-5　1997—2013 年(a)和 2013—2019 年(b)全球冬季平均海平面气压(色调)和
风(箭头)异常值趋势空间分布图

　　在 2013—2019 年,西太平洋副热带高压和相关的负风应力旋度南移(图 5-5b 和图 5-6),日本以南至台湾岛以西海域呈现异常的东风或东南风,EAWM 显著减弱(图 5-4b),降低了南海北部的蒸发速率。同时西太平洋副热带高压范围扩大和强度增强共同引起南海北部云量减少(图 4-7b),短波辐射增强(图 4-5b)。这与 Jiang 等的研究结果[11]一致,南海冬季海表面温度与西北太平洋反气旋式大气环流正相关。此时,东太平洋副热带高压及其相关的负风应力旋度北移,热带北太平洋呈现西风异常,北赤道流分叉点向北移动,吕宋海峡东侧黑潮减弱,黑潮入侵南海增强(图 5-4a),对南海北部海表面温度上升趋势也起一定促进作用。因此,西太平洋副热带高压南移引起的南海北部净热通量增强和东太平洋副热带高压北移引起的黑潮入侵南海增强是导致 2013—2019 年南海北部海表面温度上升的主要机制。

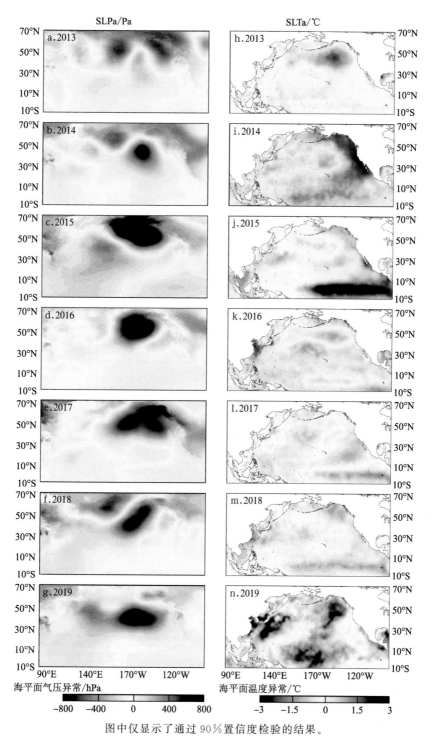

图中仅显示了通过 90% 置信度检验的结果。

图 5-6　2013—2019 年逐年的全球冬季平均海平面气压异常（SLPa）和
海表面温度异常（SSTa）的趋势空间分布图

第三节 上下层能量传递影响

最近研究表明,全球变暖增速和减速现象可能和大洋上层热量向下输运(heat sink)异常有关[94]。基于 SODA 各层海温数据,我们分析了南海表层至水深 1 600 m 层的海温变化趋势(图 5-7)。可以看出,20 世纪最后 20 年南海水深 300 m 以浅的海温是上升的,以深的海温则是下降的。这表明,南海上层海温的上升趋势很可能和热量在上层积聚有关。

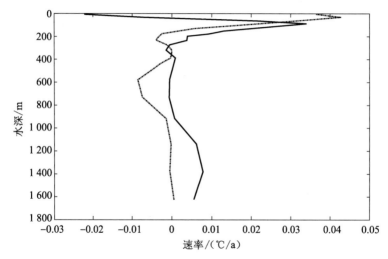

虚线代表 1984—1999 年,实线代表 2000—2009 年,所有数值置信度超过 95%。

图 5-7　南海海水温度变化趋势

相反地,在 2000—2009 年,南海上层海温处于负位相阶段,但中层和下层海温表现为显著的上升趋势。这表明,此时期内,更多的热量输运到南海中下层是引起南海上层海温出现下降趋势的可能原因之一。从图 5-8 也可以明显看出以上现象。

利用多种客观分析数据、海洋再分析资料和大气再分析资料,本书研究了南海近 30 年海表面温度年代际的变化特征。使用热收支分析和回归分析,探究引起南海海表面温度异常年代际变化的独特机制。主要结论如下。

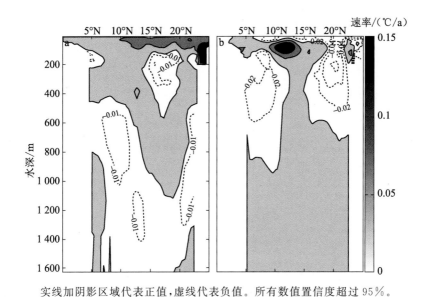

实线加阴影区域代表正值,虚线代表负值。所有数值置信度超过95%。

图 5-8 1984—1999 年(a)和 2000—2009 年(b)南海海水温度纬向平均变化断面图

南海海表面温度在 20 世纪最后 20 年呈现出显著上升趋势,在 21 世纪前 10 年呈现出弱的下降趋势。1980—2013 年南海海表面温度 EOF 分析第一模态很可能和全球变暖有关。

通过热收支分析,发现 1984—1999 年南海上混合层海温升高趋势的主要因素是海洋平流热输运的增加和长波辐射的减少;而 2000—2009 年南海上混合层海温下降趋势的主导因素是净热通量的减少,特别是辐射通量的变化。

通过回归分析,得出南海上层海温异常变化很可能和太平洋的变化有关。北太平洋异常 SLP 诱导出异常风场,风场异常通过改变热收支方程中的平流热输运项和净热通量来影响海表面温度的变化。第一阶段南海上层升温趋势可能和更多热量停留在上层有关,第二阶段南海上层降温趋势可能和更多热量传输至中下层有关。

基于多源再分析数据,本书系统探究了 2013 年前后南海冬季海表面温度由下降向再上升转变的影响因素和潜在机制。相比于南部,南海北部海表面温度年代际转变更为显著。在 1997—2013 年,南海北部冬季海表面温度下降主要由平流冷输运引起,此时东太平洋副热带高压南移,热带北太平洋出现异常东风,黑潮入侵南海减弱。在 2013—2019 年,南海北部冬季海表面温度再上升主要由净热通量增强引起,平流暖输运起次要作用,此时西太平洋副热带高压南移,减弱 EAWM,增强潜热通量和短波辐射,东太平洋副热带高压北移,热带北太平洋出现异常西风,黑潮入侵南海增强。

由图 5-5 可知,1997—2013 年,40°N 以北为 SLP 负异常,40°N 以南为 SLP 正异常,此时 NPGO 处于正位相。相反地,2013—2019 年 NPGO 处于负位相。在 1997—2013 年东北太平洋 40°N 以北和以南海表面高度(sea surface height,SSH)都呈现增强趋势且量值相当(图 5-9),NPGO 强度变化较弱(图 5-4c),而此时黑潮入侵南海减弱。基于 1997—2013 年 NPGO 指数回归全球海表面温度发现,菲律宾东南部热带海域(130°E~150°E,0°~10°N)和西太亚热带海域(150°E~160°W,25°N~35°N)升温且通过显著性检验,南海北部未通过显著性检验(图 5-10c),NPGO 似乎只能影响西太平洋副热带海域,无法直接影响黑潮入侵南海强度。基于前人研究结果,这可能与该时期 PDO 处于负位相(图3-9a),北太平洋副热带海域东北风异常消失有关[62]。由图 5-5a 可知,在 1997—2013 年,东北太平洋热带与亚热带海域(0°~40°N)存在反气旋式大气环流,西北太平洋中纬度区域(30°N~60°N)存在反气旋式大气环流,在 30°N 附近日界线以西盛行异常东风。该时期西北太平洋副热带海域风场异常微弱。此时东太平洋的变化信号 NPGO 可能通过 30°N 附近异常东风传递至西太平洋副热带高压区域(25°N~40°N),而对热带海域包括南海北部影响微弱,仅可通过北赤道流影响热带海洋。

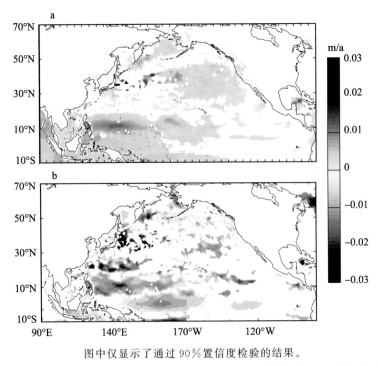

图中仅显示了通过 90% 置信度检验的结果。

图 5-9　1997—2013 年(a)和 2013—2019 年(b)全球冬季平均海表面高度趋势空间分布图

基于 2013—2019 年 $-1 \times$ NPGO 指数(此时 NPGO 指数呈下降趋势)回归全球海表面温度发现,整个西太热带和亚热带海域(120°E~150°W,0°~40°N)升温且通过显著性检验,南海北部也通过显著性检验(图 5-10c),NPGO 似乎可直接影响黑潮入侵南海强度。这可能与该时期 PDO 处于正位相(图 3-9a),北太平洋副热带海域存在异常东北风有关。由图 5-5b 可知,在 2013—2019 年,东北太平洋热带和亚热带海域(0°~30°N)存在气旋式大气环流,西北太平洋热带和亚热带海域(10°N~50°N)存在反气旋式大气环流,在 10°N~30°N 范围 170°W 以西盛行异常东风或东北风。此时东太平洋的变化信号 NPGO 可能通过上述异常东风或东北风传递至整个西太平洋热带和亚热带海域。

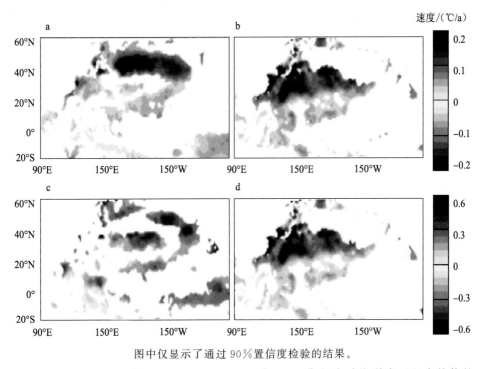

图中仅显示了通过 90% 置信度检验的结果。

图 5-10 1997—2013 年(a、c)和 2013—2019 年(b、d)期间全球海洋表面温度趋势的空间分布(a、b)以及 NPGO 对全球冬季海洋表面温度异常的回归(c、d)

整体上看,伴随着 NPO 的位相转变、东西两侧副热带高压的南北迁移,NPGO 位相的转变似乎与南海北部海表面温度年代际形态转变相关。但上述仅限于猜想,未来将基于数值模拟做更深入探讨。图 5-11 为 2013 年前后南海北部海表面温度由下降向再上升转变的示意图。

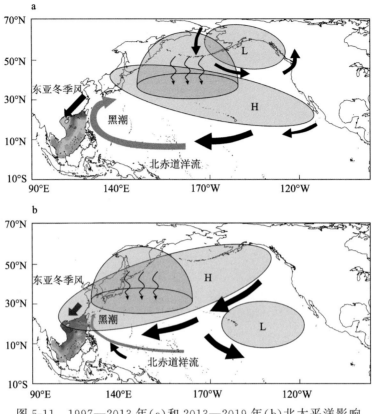

图 5-11　1997—2013 年(a)和 2013—2019 年(b)北太平洋影响
南海冬季海表面温度的潜在机制示意图

　　特别需要指出的是,本书对南海海表面温度距平场进行热收支分析时使用的数据是 SODA 和 OAFlux,取分析所需要的所有数据重合时间。SODA为再分析数据,而且两种产品生成数据使用不同的方法,因此我们计算的各热收支项可能存在偏差,有必要寻找可解决热收支各项计算的单一产品,使用这种更全面、质量更高的数据对南海海温年代际变化特征进行深入分析。

第六章

大西洋和印度洋遥强迫机制

第一节 热带大西洋的基本特征

一、热带大西洋的气候特征

大西洋位于美洲和非洲两个大陆之间,整个海盆大致呈 S 形,纬向尺度较窄,约为太平洋的 3/8。就气候平均态而言,大西洋有很多性质与太平洋相似。与东太平洋一样,大西洋赤道以北的年平均海表面温度高于赤道以南地区;赤道地区盛行西南风,有较强的越赤道南风气流;东北和东南信风在相对狭窄、大致呈纬向分布的热带辐合带(inter-tropical convergence zone,ITCZ)中会合;ITCZ 及与之相对应的雨带的平均纬度在大西洋上向地理赤道以北偏移了 5°~10°。维持 ITCZ 年平均位置位于赤道以北的机制为 WES 正反馈以及风-上升流-海表面温度正反馈等。在东风作用下,上层暖水向西部堆积,使大洋西部混合层加深,因此赤道大西洋的温跃层也具有西深东浅的特点,但倾斜坡度比太平洋小,这主要是因为海盆较太平洋窄。当东风很强时,倾斜坡度增大,热带大西洋东南部温跃层(20 ℃等温线)也会露出海面。

大西洋海表面温度的季节变化在赤道上也表现出显著的年循环:8 月赤道上经向风速最大,赤道冷舌最强,温度最低;3—4 月恰好相反。这一显著的年循环是由大陆季风强迫和海洋-大气相互作用两者共同造成的。这一年循环和大西洋 ITCZ 的经向偏移密不可分。由于热带大西洋的纬度宽度比热带太平洋窄,热带东大西洋陆地-大气-海洋相互作用形成的关于赤道不对称的信号,可以西传影响整个热带大西洋,从而使得整个海盆的 ITCZ 都位于赤道以北。这是热带大西洋与热带太平洋的不同。

热带西太平洋常年存在海表面温度高于 28 ℃的“暖池”。在热带大西洋,也存在以墨西哥湾为中心海表面温度超过 28.5 ℃西半球暖池(western hemisphere warm pool,WHWP)。WHWP 位于北半球东太平洋与大西洋的交界处,WHWP 上空是西半球沃克环流和哈德利环流的上升支。WHWP 在冬季几乎消失,这是由于在冬季,太阳辐射减少,北大西洋受反气旋控制而在 WHWP 海域形成东北风,使得海表面温度降低。WHWP 在 3 月开始出现。

夏季,随着 ITCZ 的北移,WHWP 形成并成为大气对流中心,晚夏时(9 月)最为强盛,10 月开始迅速缩小,11 月几乎消失。与热带西太平洋暖池的中心位于赤道附近不同,WHWP 的位置始终在赤道以北。

在大西洋赤道附近温跃层最浅(海平面高度最低)的夏季(6—8 月),赤道大西洋海表面温度年际变化的振幅达到最大,这是由于在该季节,任何外界扰动引起的异常信号更容易通过风-上升流-海表面温度正反馈机制被放大,同样的现象也出现在 11—12 月赤道中大西洋。因此,在年际时间尺度上,存在一个与太平洋 ENSO 相似的模态,此模态被称为纬向模态或大西洋尼诺。这一模态在北半球夏季最显著,并与赤道冷舌在夏季最强对应。大西洋尼诺在正负纬向分布之间的振荡也依赖于比耶克内斯正反馈[15]及与太平洋相类似的负反馈机制。由于大西洋海盆尺度较窄,大西洋尼诺振荡周期比 ENSO 循环周期短。此外,较小的海盆也限制了比耶克内斯正反馈机制的作用,使得大西洋尼诺比太平洋 ENSO 的振幅小。

在北半球冬季,ENSO 和北大西洋涛动(North Atlantic oscillation, NAO)对东北信风和热带北大西洋海表面温度施加强大的影响。在北半球春季,赤道大西洋保持均一暖海温时,越赤道海表面温度梯度异常和 ITCZ 紧密耦合,造成巴西东北部的异常降水。有证据[10]表明海洋-大气之间的正反馈过程通过风场引起的表面蒸发导致了赤道外海表面温度异常,使越赤道海表面温度梯度达到最大,同时引起了 ITCZ 的异常移动,形成了热带大西洋经向模态。该模态可能影响中高纬度的北大西洋涛动,通过热带大西洋与北大西洋中高纬度海洋-大气相互作用构成一个年代际变化的泛大西洋分布型。

总之,热带大西洋所有的气候特征都是海洋-大气相互作用的结果,在此基础上形成了热带大西洋海盆的海洋-大气耦合模态。

二、热带大西洋海洋-大气耦合的纬向模态和经向模态

热带大西洋海表面温度的年际变化存在两个主要的海洋-大气耦合模态。Liu 等[95]通过对 1950—2005 年热带大西洋春季(3—5 月)和夏季(6—8 月)海表面温度异常进行正交分解,得出了热带大西洋春季和夏季存在两个主要的海洋-大气耦合模态:① 春季海表面温度年际变化的经向模态;② 夏季海表面温度年际变化的纬向模态(即大西洋尼诺)。

1. 大西洋尼诺

每隔几年赤道东部大西洋的冷舌区就会出现海表面温度异常升高的现

象,增暖中心大致位于 6°N~2°S 和 20°W~5°E,东部的变暖和信风的减弱以及对流的东移之间存在着非常好的对应关系,这种现象被称为大西洋尼诺。大西洋尼诺在东部海盆表现得最为明显,西部海盆也会出现显著的变化。

大西洋尼诺的周期不稳定,1961—2000 年的 40 年间发生了 13 次暖事件,其中 3 次发生在冬季,余下 10 次中有 8 次发生在夏季,平均周期大约为 30 个月。

太平洋厄尔尼诺的锁相在冬季,而大西洋尼诺的锁相则在夏季,因为在气候平均状态下,夏季大西洋东部温跃层抬升达到最浅,海平面高度最低。当大西洋尼诺发生时,大洋东部热含量出现正异常,表示此处温跃层加深;20°W 以西出现西风异常;东部海域出现海表面温度正异常,增暖最大区位于 6°S~2°N 和 20°W~5°E 的区域;500 Pa 高空非绝热加热为正异常,表明对流活动加强。热带大西洋也存在海洋-大气相互作用的比耶克内斯正反馈机制,正反馈过程所构建的大西洋尼诺和太平洋厄尔尼诺很相似,因为二者都包含了沿赤道冷舌的消失(北半球夏季和秋季)、沿赤道向东推进随后向南运动的热带暖水暴发、赤道信风的异常反向以及大气对流中心和表层暖水向东部的异常移动。在大西洋尼诺发生期间,对流中心东移,大西洋沃克环流减弱,赤道整体上升运动加强,导致 40°W~0° 区域哈德利环流增强。Wang 等[96]对比大西洋海表面温度异常与沃克环流指数和哈德利环流指数的相关系数(海域范围:3°S~3°N,20°W~0°),结果表明它们之间具有明显的相关性,与沃克环流的最大相关系数达到 -0.6,与哈德利环流的最大相关系数达到 0.67,这与太平洋发生厄尔尼诺时的情况是类似的。

由于大西洋海盆与太平洋海盆的纬向尺度以及背景层结不同,热带大西洋中比耶克内斯反馈较弱。该模态虽然能够在观测资料中有所反映,但与太平洋相比其信号较弱。热带大西洋尼诺与太平洋厄尔尼诺相比,更局限于赤道附近,且整个赤道海表面温度异常分布一致,持续时间短,一般为 2~3 个月,增温幅度也较小。

大西洋尼诺的周期还存在着年代际变化,1974 年之后的 10 年发生次数较少,而 20 世纪 60 年代和 80 年代则发生较多,目前导致这种变化的原因还不清楚。

2. 经向模态

从 20 世纪 70 年代起,科学家们就了解到 ITCZ 所处纬度的异常扰动是由越赤道海表面温度的异常变化所引起的,与之相关的海表面温度异常型常常表现为一个南北方向的"偶极子"(北暖南冷或南暖北冷)[87]。该偶极子型海表面温度异常分布也是春季海表面温度异常的经验正交分解主模态,因此也被称为"经向模态"或"偶极子模态"。

在近赤道区域(15°S～15°N),风-蒸发-海表面温度(WES)正反馈形成了海洋-大气异常的经向模态。假如在某种外强迫作用下,北大西洋低纬度首先有海表面温度的正异常出现,那么就会产生由南向北的越赤道异常气流。受科氏力影响,越赤道气流在南北半球分别向左和向右偏转,产生东风分量和西风分量。在北半球越赤道气流的纬向风分量与气候态纬向风场方向相反,因此使纬向风速减小,并进一步导致蒸发减弱和海表面温度升高。在南半球则相反,异常风场与背景风场同向,导致海面蒸发增强,海表面温度降低。这就增大了南北向温度梯度,使越赤道气流进一步加强,加剧南半球的冷却和北半球的增温。如此不断发展,最终产生南、北半球异常的偶极子海温模态。

大西洋经向模态也呈现出明显的锁相,在北半球春季(3—4月)达到最强。夏季海表面温度南北向梯度小,ITCZ 最接近赤道,这时 ITCZ 对海表面温度的经向差异比较敏感,在某年春分时出现很小的扰动(如北部出现暖异常)就可能导致 WES 反馈机制发展起来,偶极子就容易出现。与跷跷板类似,季节变化背景相当于跷跷板的初始态,当初始态不太稳定时,扰动很容易得到发展。然而,在北半球夏季,当 ITCZ 北移之后,南北气候不对称已经确立,扰动便不太容易得到发展。

经向模态与大西洋哈德利环流强度异常之间存在良好的正相关关系。在经向模态的形成过程中,热力学过程居于主导地位:先有异常的越赤道气流,随后异常的越赤道气流导致了海表面温度异常的越赤道经向梯度。

总而言之,海洋-大气相互作用使热带大西洋的气候在年际和年代际的多个时间尺度上发生变化,形成了以 30 个月为准周期的大西洋尼诺现象(纬向模态)和以 10 年为周期的大西洋经向模态。大西洋纬向模态的形成机制主要是比耶克内斯正反馈机制,故在 7—8 月温跃层最浅时达到峰值。大西洋经向模态的形成机制主要是以热力学过程为主导的 WES 反馈过程,故在 3—4 月ITCZ 最接近赤道时达到峰值,且与中纬度海洋-大气相互作用有一定联系。

三、热带大西洋海洋-大气耦合的机制

1. 比耶克内斯正反馈机制

依据对过去半个世纪观测资料的分析,可以看出:一方面,沿着赤道方向,

作用在海面上的东风使水体向西输运,从而使得温跃层(热带 20 ℃ 等温面常常被用于代表热带的温跃层)东部变浅、西部加深(图 6-1)。温跃层在东部抬升,使较冷的温跃层接近海表,加强了赤道冷水上涌的冷却作用,从而与赤道两侧经向埃克曼输运相对应的上升流共同作用,在东部形成了赤道海表面温度冷舌。该冷舌的存在不利于大气深对流在赤道的发展。与之相对,在太平洋和大西洋西部存在的较深的温跃层,则使得温跃层以下的冷水难以上升到海表。因此,太平洋和大西洋西部海表面温度较东部高,这种海表面温度的纬向差异使赤道低层大气出现了纬向的压力梯度,增强了赤道信风和对应的沃克环流;而信风增强又加强了大洋东部的海洋冷却和温跃层上翘,使得海表面温度的纬向梯度进一步增大,形成了热带太平洋和热带大西洋的海洋-大气耦合反馈过程,维持了热带太平洋和热带大西洋海表面温度西高东低的分布状况。类似的现象也发生在赤道印度洋,只是在赤道印度洋气候平均的纬向风为西风,气候平均状况下热带印度洋东部的海表面温度高于西部。这种纬向风、纬向温度梯度、赤道温跃层倾斜之间的正反馈作用是热带大气、海洋气候平均态能够维持的正反馈机制之一。该机制和比耶克内斯为解释 ENSO 提出的正反馈机制本质上是一致的,故被称为比耶克内斯正反馈机制。

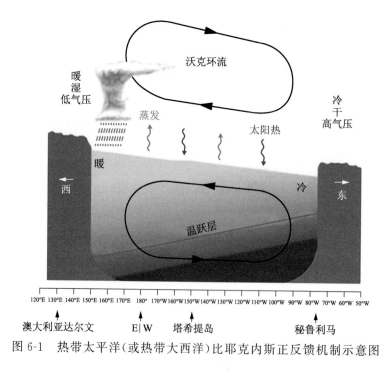

图 6-1　热带太平洋(或热带大西洋)比耶克内斯正反馈机制示意图

2. WES 正反馈机制

作为地球气候对称轴的 ITCZ 本应出现在接受太阳短波辐射量最多的赤道,但是在热带太平洋和热带大西洋,存在着位置常年位于赤道以北的 ITCZ。自 17 世纪发现该现象直到 1994 年,没有人对此现象做出合理的物理解释。在热带太平洋和热带大西洋的东部,由于南、北半球的海陆分布差异以及海面风-蒸发-海表面温度的相互作用,该作用简称为 WES 正反馈机制,该机制也是热带海洋-大气相互作用的基本物理机制之一(图 6-2)。形成和维持热带东太平洋和热带东大西洋 ITCZ 的气候平均位置在赤道以北的物理机制可以简述如下:热带海洋的气候平均背景风场为东风的条件下,热带东太平洋和热带东大西洋都具有的赤道北陆地比赤道南陆地多的特征可以使得北半球夏季赤道以北海域海面气温略高于赤道以南海域的海面气温,从而引发自南向北的越赤道气流。在科氏力影响下,越赤道气流在南半球左偏、北半球右偏,增大了南半球东南风风速而减小了北半球东北风风速,从而使南半球海洋蒸发加强,海表面温度降低,北半球海洋蒸发减弱,海表面温度升高。在这种情况下,南北半球之间的海表面温度梯度会进一步增大,从而产生了更强的越赤道流,使北半球蒸发进一步减弱,海表面温度进一步升高,而南半球蒸发进一步加强,海表面温度进一步降低。正是由于这种正反馈物理过程存在,最终高温保持于赤道以北,而低温保持在赤道以南。热带东太平洋和热带大西洋海陆分布具有的南北不对称性,为高海温位于赤道以北提供了初始条件。

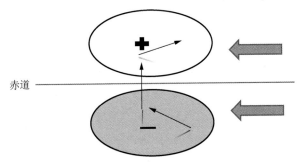

图 6-2　赤道附近的 WES 正反馈机制示意图

海面风-蒸发-海表面温度之间相互作用的正反馈过程是维持 ITCZ 的气候平均位置在赤道以北的重要机制之一。除此之外,赤道中东太平洋和大西洋的越赤道南风气流可以引起赤道上的强混合以及赤道以南东边界处的上升流增强,进而导致温跃层上凸、冷水上翻增强,上翻的冷水在表层风应力的作用下向北输运,越赤道后在赤道以北堆积、下沉,形成了越赤道的经向的翻转环流。与赤道以南上升、赤道以北下沉的经向翻转环流对应,赤道东太平洋和东大西洋出现温跃层在赤道较浅和在赤道北较深的现象,也会导致赤道和赤道以南的海表面温度降低,增大赤道南、北的海表面温度经向梯度,从而进一步加强越赤道南风。该机制被称为越赤道风-上升流正反馈机制。

第二节 全球变暖后热带大西洋的响应

与太平洋厄尔尼诺指数区域不同,大西洋没有普遍共识的类似指数区域。Zebiak[97]在1993年定义了ATL3区域($3°N\sim3°S,20°W\sim0°$)指数,ATL3区域指数的年代际变化非常小。Lutz[98]根据HadISST 1.1数据(1870—2011年)计算温度异常的标准差确定了ATLN1区域($17°S\sim7°S,8°E\sim15°E$)指数、ATLN2区域($10°S\sim3°S,0°\sim8°E$)指数和ATLN3区域($3°N\sim3°S,20°W\sim0°$)指数,这三个区域指数(图6-3)在整个研究期间的时间序列相似性很高。广泛认可的暖事件的发生在三个区域指数中均有体现,如1963年、1984年和1995年。它们之间的相关系数也证实了这种惊人的相似性:ATLN1和ATLN3区域指数的相关系数为0.74,ATLN1和ATLN2的相关系数为0.84,ATLN2和ATLN3的相关系数则为0.91。三个区域指数合成的大西洋尼诺现象类似,海表面温度异常最大值均发生在夏季7月,同样垂直流速异常的最小值也发生于夏季,这与下文中我们所取ATL0区域模式结果相类似。

在本研究中,混合层温度(mixed layer temperature,MLT)变化最大的区域位于赤道东大西洋区域(对应Zebiak在1993年定义的ATL3区域[9])。定义MLT变化最大的区域ATL0($3°N\sim3°S,15°W\sim10°E$)为本书的研究区域。为了筛选大西洋尼诺事件,我们首先去除CPL85数据时间序列(2006—2099年)的趋势项,得到赤道东大西洋区域的MLT异常(图6-4)。本书将2倍标准差(0.98 ℃)作为选择标准,高于0.98 ℃的被定义为大西洋尼诺事件。通过这种方法,我们从94年的模拟时间序列中识别出13个大西洋尼诺事件。图6-5展示了这13个事件合成的季节变化:温度异常在北半球夏季(6月)达到峰值(图6-5中黑色虚线),这个结果与前人的研究相近。为了便于讨论,我们将大西洋尼诺的变化分为三个不同的阶段:① 1—4月的形成期;② 5—7

月的峰值期;③ 8—12 月的衰减期。在下一节中,可以看到合成的大西洋尼诺事件能够很好地表现出大西洋尼诺现象的主要特征。

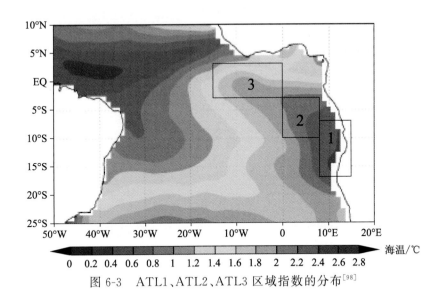

图 6-3　ATL1、ATL2、ATL3 区域指数的分布[98]

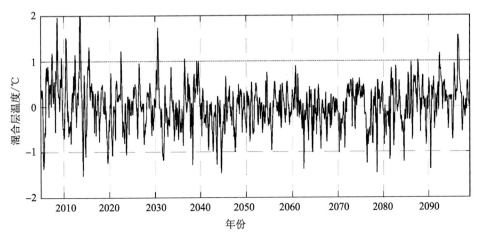

虚线是代表此时间序列的 2 倍标准差(0.98 ℃),高于此的被定义为大西洋尼诺事件。

图 6-4　赤道东大西洋 MLT 异常的时间序列

　　由于 FULL-CTRL 实验结果准确地再现了 1985 年海气耦合模式实验(coupled ocean-atmosphere model experiment 1985,CPL85)结果的年际变化。我们将 CPL85 中确定的 13 个事件的发生时间,用于覆盖实验中大西洋尼诺事件的合成(图 6-5 黑色实线),发现 CPL85 合成的大西洋尼诺事件的变化特征与 FULL-CTRL 实验(图 6-5 黑色虚线)的基本相似,但振幅略大,这可能是由于在海浪实验中未考虑高频海气通量。如图所示,WES效应在大西洋尼诺事件中起主导作用(图6-5蓝色线),而WES效应的贡献可以忽略不计(图6-5红色线)。有趣的是,我们发现在没有风应力和风速影响时,CO_2的直接热效应能够在大西洋尼诺事件发生期间引起暖异常(图6-5绿色线)。

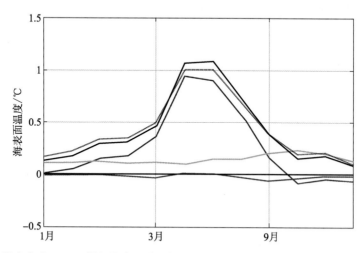

黑色虚线为合成CPL85模拟的大西洋厄尔尼诺事件的季节变化,黑色实线是完全响应,蓝色实线为风应力的影响,红色实线为风速的影响,绿色实线则为海表面热通量的影响。

图6-5　不同实验条件下大西洋尼诺事件的模拟结果

彩图见附录。

　　本书后面的分析主要基于CPL85,并通过覆盖实验进一步探究各反馈过程在大西洋尼诺和类尼诺升温中的作用。由于CPL85结果和FULL-CTRL实验几乎相同,FULL-SPED(WES反馈)对热带大西洋变化的影响微不足道,所以下文中只展示FULL-CTRL实验的结果。此外,为了便于与大西洋尼诺MLT特征相比较,我们去掉了全球变暖下热带大西洋海域(20°S～20°N,3°S～3°N)的平均升温。在这种情况下,如果局地MLT升温幅度小于全海域变暖的平均值,即表现为图6-6b,图6-7b和图6-8b中的冷信号。

　　考虑到热带太平洋活跃的海气动力耦合及其对包括热带气旋活动在内的一系列天气和气候现象的深刻影响,人们做了相当多的工作来了解热带太平洋对温室气体引起的气候变暖的响应。大量的模拟研究表明,全球变暖导致了赤道附近相对于亚热带地区的升温加剧。

　　图6-6展示了大西洋尼诺和类尼诺升温情况下沿赤道MLT和环流的季节变化。在大西洋尼诺发生的情况下,赤道大西洋东部的混合层温度异常在

7月达到最大值,在类尼诺升温情况下赤道大西洋东部混合层温度异常在5月达到最小值,在9月达到最大值。大西洋尼诺情境下赤道大西洋中西部的风应力强度正异常在7月达到最大值,类尼诺升温情境下赤道大西洋中、西部的风应力强度负异常在7月达到最大值,并且越往东,达到异常的时间越晚。大西洋尼诺情境下赤道大西洋中部的水平流在春季正异常,秋季负异常;而在类尼诺升温情境下,情况完全相反,赤道大西洋中部水平流的负异常发生在春季,正异常发生在秋季。垂向流速异常的极大值则发生在赤道大西洋东部:大西洋尼诺情境下夏季为负异常,秋季为正异常;类尼诺升温情境下相反,负异常发生在秋季,正异常则发生在夏季。热带大西洋海洋上层层结的情况与垂向流速类似:大西洋尼诺情境下夏季为负异常,秋季为正异常;类尼诺升温情境下相反,负异常发生在秋季,正异常发生在夏季。

与之前的研究一致,在大西洋尼诺正位相期间,赤道大西洋中、西部的西风异常导致赤道东大西洋 MLT 异常,并且延迟约 1 个月(图 6-6a 和 6-6c)。赤道东大西洋的 MLT 异常在峰值期最高约为 2℃。此外,赤道大西洋表层流减弱(图 6-6e),上升流减弱(图 6-6g),上层海洋层结减弱(图 6-6i)。赤道大西洋西风异常的逐渐减弱,也导致了大西洋尼诺现象的衰减。赤道东大西洋的大西洋尼诺异常最为突出,覆盖实验的结果显示风应力在大西洋尼诺事件中起到至关重要的作用(图 6-7a、图 6-7c)。也就是说,风效应对赤道东大西洋 MLT 异常变暖以及季节变化起主导作用,而 CO_2 的热效应对其异常变暖以及季节变化几乎没有贡献。

图 6-7 为覆盖实验中赤道东大西洋温度、层结和垂向速度的区域平均,以及覆盖实验中各因素对这些海洋特征的贡献:黑色实线为全响应,蓝色虚线为风应力的贡献,红色虚线为风速的贡献,绿色虚线为 CO_2 直接热效应的贡献。大西洋尼诺情境下全响应的温度异常在夏季达到最大值,风应力贡献在夏季也达到最大值,风速和 CO_2 的直接热效应的贡献较小。类尼诺升温情境下全响应的温度异常在春季达到最小值,在秋季达到最大值。风应力贡献在春季达到最小值,在秋季达到最大值,风速和 CO_2 的直接热效应的贡献也较小。热带大西洋上层层结和垂向速度类似,全响应和风应力贡献在大西洋尼诺情境下于春季达到最小值,在秋季达到最大值;类尼诺升温情境下在春季达到最大值,在秋季达到最小值。

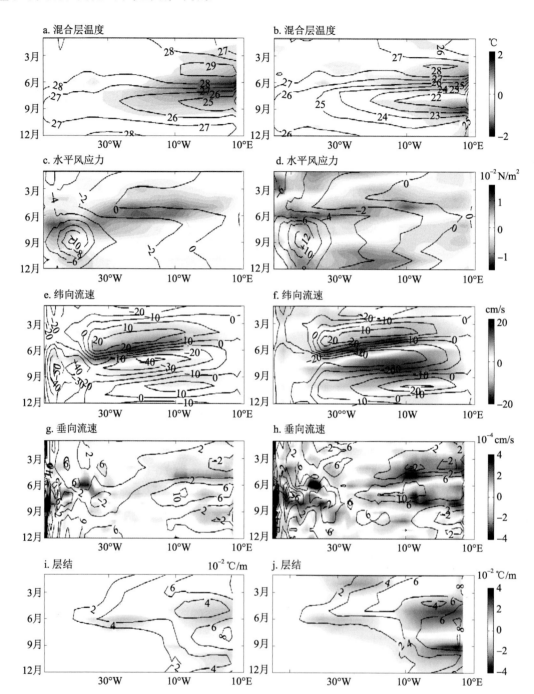

类尼诺升温情境下表现的是94年的趋势值。等值线分别是各量CPL85的原始值。

图6-6　大西洋尼诺（a、c、e、g、i）和全球变暖类尼诺升温（b、d、f、h、j）情境下混合层温度（a、b）、纬向风应力（c、d）、纬向流速（e、f）、混合层垂向平均流速（g、h）、混合层垂向温度层结（i、j）异常沿赤道（2.5°S～2.5°N）的季节变化

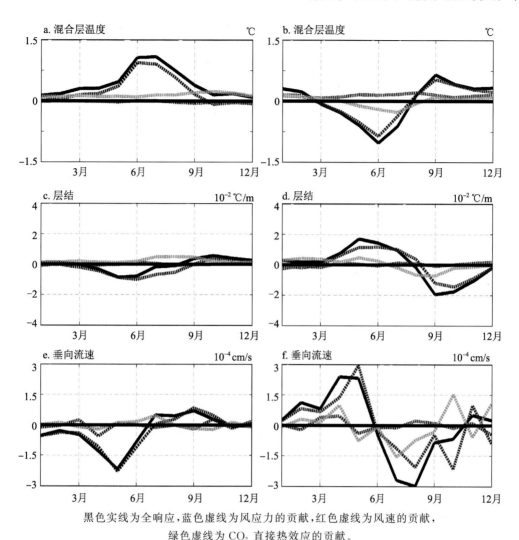

黑色实线为全响应,蓝色虚线为风应力的贡献,红色虚线为风速的贡献,
绿色虚线为 CO_2 直接热效应的贡献。

图 6-7 大西洋尼诺(a、c、e)和类尼诺升温(b、d、f)情境下混合层温度(a、b)、
55 m 深的层结(c、d)、表面到 55 m 深垂向平均流速(e、f)
在赤道东大西洋的变化以及覆盖实验中各因素对这些海洋特征的贡献
彩图见附录。

　　在热带大西洋,类尼诺升温和大西洋尼诺引起的 MLT 异常的季节变化
及风场异常的季节变化均有明显差异。北半球夏季,类大西洋尼诺升温时,东
风正异常最大,而在大西洋尼诺正位相期间,东风负异常最大(图 6-6d)。类
似地,热带大西洋对类尼诺升温和大西洋尼诺正位相的反应基本是相反的:类
尼诺升温情境下赤道东大西洋 MLT 暖异常达到最小(图 6-6b),纬向流速增
大(图 6-6f),上升流加强(图 6-6h),上层海洋层结增大(图 6-6j)。在北半球秋

季,纬向风应力异常方向快速转换,而在大西洋尼诺事件发生时,风异常随时间逐渐减弱。因此,在北半球夏季大西洋出现类尼诺降温之后,在秋季大西洋又出现了类尼诺升温。覆盖实验进一步表明,类尼诺升温和大西洋尼诺引起的 MLT 的季节变化均由风效应主导(图 6-7a 和图 6-7b);与大西洋尼诺不同(图 6-7c),类尼诺升温引发的层结变化是风效应和 CO_2 的热效应正变化叠加的结果(图 6-7d)。

有趣的是,我们的研究结果表明,在类尼诺升温情境下,MLT 的季节循环位相提前,幅度减小(图 6-6b)。从气候学的角度看,赤道大西洋 MLT 呈现出明显的季节周期。季节周期的特点是 MLT 在 4—6 月变暖,在 7—9 月变冷,历经 1~2 个月的相位提前和振幅下降,暖异常在 5—7 月达到最小,在 8—10 月达到最大。这一结果与 Tokinaga 和 Xie[99] 的观察研究一致,他们发现自 20 世纪 50 年代末期至 21 世纪 10 年代初赤道大西洋的季节循环减弱。

我们之后重点研究了大西洋尼诺正位相和类尼诺升温峰值期的空间特征,以及二者之间的异同。图 6-8 左侧各图显示的是大西洋尼诺峰值期的各海洋特征的空间分布。图 6-4a 中的大西洋尼诺正位相与太平洋厄尔尼诺正位相非常相似,但仅限于赤道区域。赤道东大西洋暖异常最大,其最大值区西部的信风减弱(图 6-8a 和图 6-8b)。信风减弱导致表面西向流减弱、赤道上升流减弱(图 6-8e 和图 6-8g)、温跃层变平(图 6-9c)以及进一步的升温,即比耶克内斯正反馈机制。此外,海洋的变化特征还包括整个赤道的净热损失(图 6-8k)、东部层结的显著减弱、西部层结的显著增强(图 6-8e)等。

图 6-8 右侧各图展示了北半球秋季类尼诺升温峰值期各海洋特征的空间分布。在赤道大西洋,MLT 呈现出明显的类似大西洋尼诺正位相的模态:中部和东部赤道变暖加剧,西部变暖减弱(图 6-8b)。对比图 6-8 的左、右两侧各图,尽管类尼诺升温与大西洋尼诺正位相之间有很多相似之处,但差异也很明显:大西洋尼诺比类尼诺升温关于赤道的对称性更大;后者在热带大西洋东南部暖异常最小,这可能与信风变化(图 6-8d)的非对称性有关。类尼诺升温和大西洋尼诺的另一个显著区别在于赤道东大西洋上层海洋的层结特征不同:在大西洋尼诺期间,西部层结增强,东部层结减弱;但在类尼诺升温情境下,这种特征不存在(图 6-8j 和图 6-8i)。造成这种差异的原因在于风应力异常不同:类尼诺升温情境下赤道东大西洋为西风异常,而大西洋尼诺期间赤道东大西洋则为东风异常(图 6-8d 和图 6-8c)。风应力的纬向位移则使赤道东大西洋层结加强,赤道西大西洋层结减弱。

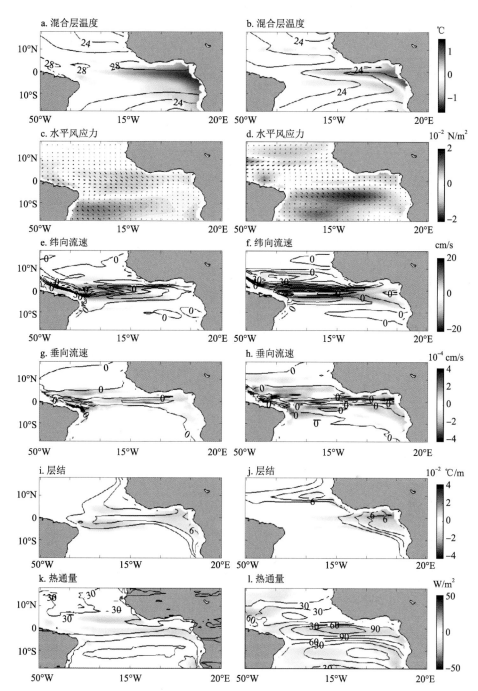

类尼诺升温情境下表现的是 94 年的趋势值。等值线分别是各量 CPL85 的原始值。

图 6-8　大西洋尼诺（a、c、e、g、i、k）和类尼诺升温（b、d、f、h、j、l）峰值期混合层
温度（a、b）、纬向风应力（c、d）、纬向流速（e、f）、表面到 55 m 深垂向平均流速（g、h）、
55 m 深的层结（i、j）、表面热通量（k、l）的空间分布

图 6-9 所示为大西洋尼诺正位相和类尼诺升温两种情境下沿赤道的温度和温跃层深度的次表层变化。结果再现了大西洋尼诺正位相的温跃层变化的主要观测特征:夏季西部加深,东部变浅(图 6-9c),符合负反馈机制。

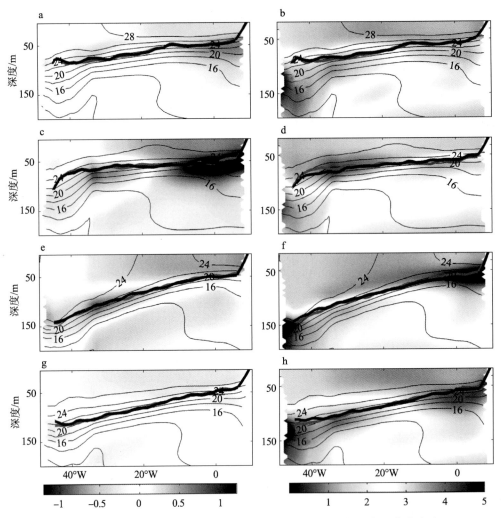

绿线和蓝线是混合层底深度(绿色是 2006—2025 年的平均,左侧蓝色是合成
大西洋尼诺的平均,右侧蓝色则是 2080—2099 年的平均),等值线是
CPL85 的 94 年平均值。温跃层深度是取的温度梯度的最大值。
图 6-9 大西洋尼诺(a、c、e、j)和类尼诺升温(b、d、f、h)情境下沿赤道
(2.5°S~2.5°N 的平均)温度异常的季节变化
彩图见附录。

在类大西洋尼诺负位相时期,因为类尼诺升温的风应力异常与大西洋尼诺相反,所以类尼诺升温的次表层温度异常也与大西洋尼诺完全相反(图 6-

5d 和图 6-5c）。赤道大西洋温跃层的温度异常在类尼诺升温情境下，在东、西部正负不同；在类大西洋尼诺正位相时期，在东、西部均变成正值（图 6-9f）。

在类尼诺升温和大西洋尼诺现象下，次表层温度异常都要比表面温度异常大得多且东部温度异常最大值均在水深 200 m 左右。说明在这两种情况下海洋动力的影响都很重要。

为了进一步了解大西洋变暖机制，我们利用式（2-2）分析了赤道大西洋热量收支平衡，并分别计算了方程各项对大西洋尼诺和类尼诺升温的响应。图 6-10 展示了大西洋尼诺和类尼诺升温情境下 MLT 趋势的季节变化。垂向速度项和扩散项在大西洋尼诺和类尼诺升温情境下贡献最大，水平流速项和热辐射项贡献很小。

根据结果我们发现，大西洋尼诺和类尼诺升温情境下垂向对流（升温）和扩散（降温）对赤道东大西洋温度异常的贡献都非常显著，而经、纬向水平平流和净热通量等其他项的贡献几乎可以忽略不计。

垂直对流：在气候态平衡中，垂直对流是赤道东大西洋区域的主要冷却项（图 6-10c 等值线），是由风应力引起的强上升流（图 6-5g 等值线）和垂向温度梯度增大（图 6-5i 等值线）造成的。根据图 6-10，垂直对流冷异常变弱对赤道东大西洋的温度暖异常贡献最大，从而促进大西洋尼诺现象的发展，这与 Richter[100] 的实验结果一致。垂向热输运异常是赤道东大西洋垂向速度减小（图 6-6g）和层结变弱（图 6-5i）共同的结果。垂向速度和层结的变化都与风应力有关，前者是次表层东移减弱导致的埃克曼辐合异常，后者是由于温跃层东西向倾斜度变缓。因此风效应的主导作用可以被证实。覆盖实验也可以验证风效应的主导作用（图 6-10）。

类尼诺升温情境下的垂直对流导致北半球夏季温度负异常，秋季温度正异常，即决定了类尼诺升温下 MLT 的季节变化（图 6-6d 和图 6-6b）。覆盖实验进一步表明，与大西洋尼诺现象不同，CO_2 的热效应对赤道东大西洋的类尼诺升温的季节变化也有一定贡献。然而，就类尼诺升温相位变化而言，风效应的贡献要大很多。

扩散：气候态平衡中，扩散项是赤道东大西洋主要的加热项。在类尼诺升温和大西洋尼诺情境下，在扩散和垂直热输运异常之间都存在补偿关系（图 6-10c 和图 6-10e，图 6-10d 和图 6-10f）。例如，在大西洋尼诺正位相和类尼诺升温的峰值期，赤道东大西洋的特征均为扩散项减小、加热减弱、垂向热输运项增大、冷却加强。覆盖实验进一步表明，与大西洋尼诺现象（图 6-11）不同，

风和 CO_2 的热效应对类尼诺升温的季节变化都有贡献,但是前者绝对占主导地位(图 6-11)。

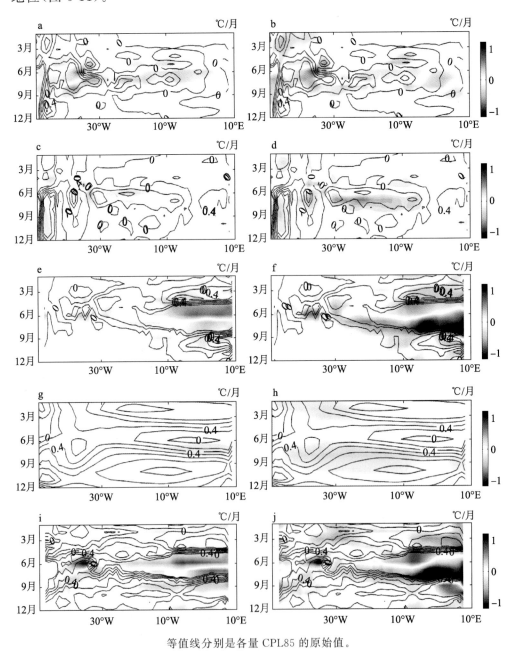

等值线分别是各量 CPL85 的原始值。

图 6-10　大西洋尼诺(a、c、e、g、i)和类尼诺升温(b、d、f、h、j)情境下热收支平衡方程中纬向热输运项(a、b)、经向热输运项(c、d)、垂向热输运项(e、f)、热辐射通量项(g、h)、扩散项(i、j)的季节分布

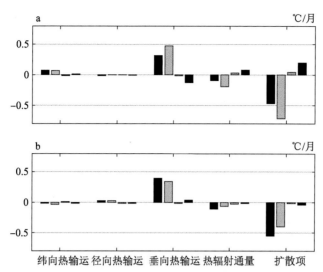

蓝色代表的是 CPL85，青色是风应力，黄色是风速，棕色是 CO_2 直接热效应。

图 6-11　覆盖实验各元素在大西洋尼诺(a)和类尼诺升温(b)峰值期
对热收支平衡方程各项贡献的平均

彩图见附录。

　　净热通量：净表面热通量对赤道大西洋 MLT 的正异常有次要贡献。在大西洋尼诺正位相时期，海洋的失热阻碍了大西洋类尼诺升温现象的发生(图 6-10g)。当把变化响应分解为风效应和 CO_2 的热效应时，我们发现，如果只在风效应的作用下，海洋的净热通量会减少更多(图 6-11)。这证明了比耶克内斯正反馈在大西洋尼诺的生成中起到正向作用。

　　纬向和经向平流：纬向和经向热输运在热带大西洋与其他收支项相比贡献很少。覆盖的实验进一步证实，无论是在类尼诺升温还是大西洋尼诺情境中，赤道东大西洋纬向热输运异常变化的原因都以风效应为主(图 6-11)。

　　本书使用地球系统模型(Community Earth System Model，CESM)，发现全球变暖后热带大西洋在秋季的升温类似大西洋尼诺的正位相，即大西洋西部增暖幅度小于东部；夏季的升温则类似大西洋尼诺的负位相，即大西洋西部增暖幅度大于东部。此外，通过新颖的覆盖技术，本研究辨别了风应力、风速和 CO_2 的直接热效应对海洋升温的作用，探讨了大西洋尼诺本身和全球变暖作用下类似大西洋尼诺正位相的形成机制。

　　研究结果表明，热带大西洋对全球变暖的响应在北半球秋季和夏季相反。前者与大西洋尼诺正位相特征非常相似，包括赤道信风减弱、赤道东大西洋变暖加剧，同时温跃层加深。与之相反，后者的特征与大西洋尼诺负位相对应。

大西洋尼诺和全球变暖下的类尼诺升温的特征及相关的形成机制都非常相似。在这两种情况下，比耶克内斯正反馈对赤道东大西洋温度异常都有非常大贡献。两种情境下，赤道东大西洋暖异常均达到最大，其最大值区西部的信风减弱。信风减弱导致表面西向流减弱、赤道上升流减弱、温跃层变平以及进一步的升温，即典型的比耶克内斯正反馈作用。覆盖实验也进一步证明了风应力在这两种情境下均做出了绝对重要的贡献。

然而，它们之间的区别也很明显：

（1）类尼诺升温下西风异常主要集中在大西洋东部，而大西洋尼诺时主要集中在大西洋中部。垂向速度和层结的变化都与风应力有关，前者是由于赤道东风减弱，埃克曼抽吸（Ekman pumping）减弱，上升流速减弱；后者则是因为赤道东风减弱，赤道大西洋西部水团堆积减少，温跃层坡度变缓，赤道大西洋西部的层结变弱。因此，虽然两种情境下都有升温的现象，但是大西洋尼诺正位相增暖异常比类尼诺升温要大。

（2）除风应力外，CO_2 的热效应对类尼诺升温的变化也有一定影响，而对大西洋尼诺正位相的贡献非常小。

我们发现了热带太平洋、大西洋和印度洋三个热带海洋之间有趣的相似和不同之处。风效应在三个热带海洋表面温度变化的季节变化中都占绝对主导地位，这表明比耶克内斯正反馈在调节热带气候系统中的重要性。尽管有这些相似之处，但是这三个海域之间的区别也很明显：

（1）太平洋和印度洋的升温分别呈现类厄尔尼诺和印度洋偶极子的正位相，而大西洋在不同季节的升温呈现大西洋尼诺的不同位相。

（2）太平洋，CO_2 的热效应对赤道海温变化的贡献很大（47%），而在印度洋和大西洋，CO_2 的热效应对赤道海温变化的贡献非常小。

总之，与太平洋相类似，风应力的作用在热带大西洋尼诺和类尼诺升温的形成中都起到绝对重要的作用，比耶克内斯正反馈是热带大西洋海气相互作用的主要机制，此外 CO_2 的直接热效应也在其中起到了重要作用。

第三节　全球变暖后热带印度洋的响应

印度洋偶极子（Indian Ocean dipole，IOD）是热带印度洋年际变化的主导模式。IOD通常在南半球春季达到峰值，其正相位（pIOD）事件的特点是海表面温度降温和东部的降雨减少,东风西向异常。在与 IOD 相关的众多反馈中,比耶克内斯正反馈被认为是最重要的。

最近的研究表明,在全球变暖的作用下,热带印度洋的平均气候向类 pIOD 状态转变,具有赤道异常东移、西热带印度洋(Western Tropical Indian Ocean,WTIO)变暖较强、东热带印度洋(Eastern Tropical Indian Ocean,ETIO)变暖较弱等特征。这些海洋变化通常被解释为对赤道印度洋东风异常减弱的直接反应,与沃克环流的减缓有关,这是大气对全球变暖响应的一个强有力的信号。平均状态的变化将对热带印度洋未来的气候变化产生深远的影响。

Luo 等[92]利用耦合的 CESM 模型和 POP2 模型探究了热带印度洋和全球变暖引起的类 pIOD 形成机制的异同。他们的主要发现是,与 pIOD 的情况非常相似,比耶克内斯反馈在降低全球变暖下的 ETIO 变暖方面发挥着主导作用。这一结果与热带太平洋地区的情况形成鲜明对比(热带太平洋地区的风应力变化在厄尔尼诺现象变暖模式中仅起次要作用)。此外,采用覆盖技术作为诊断工具,辨别和评估风的变化在热带印度洋的显著特征中的作用。覆盖技术能够从其他因素中分离单个反馈(如风温跃层海温反馈)。结果表明,pIOD 与类 pIOD 的形成过程及其相关的季节性十分相似。其中,比耶克内斯反馈是导致两种情况下 ETIO 上空冷却异常的主要机制。然而,它们之间也有一些不同之处,总结如下:

虽然在 pIOD 和类 pIOD 情境中,垂直平流对 ETIO 的总体作用均是冷却作用,但 pIOD 的冷却主要受垂直速度变化控制,类 pIOD 的冷却主要受层结变化控制。覆盖实验表明,在 ETIO 上,CO_2 直接热效应的影响对层结的贡献在 pIOD 和类 pICD 情境中是相反的:在 pIOD 情境下上层海洋层结较小,因此有升温效应;但在类 pIOD 情境下层结较大,因此有降温效应。

参 考 文 献

[1]　巢纪平. 热带大气和海洋动力学[M]. 北京:气象出版社,2009.

[2]　伍荣生. 现代天气学原理[M]. 北京:高等教育出版社,1999:57-99.

[3]　IPCC. Summary for Policymakers of Climate Change 2007:The Physical Science Basis. Contribution of Working Group I to the Fourth Assessment Report of the Intergovernmental Panel on Climate Change[M]. Cambridge:Cambridge University Press,2007.

[4]　VECCHI G A,CLEMENT A,SODEN B J. Examining the tropical Pacific's response to global warming[J]. Eos Transactions American Geophysical Union,2008,89(9):81,83.

[5]　QIU B. Interannual variability of the Kuroshio Extension system and its impact on the wintertime SST field[J]. Journal of Physical Oceanography,2000,30(6):1486-1502.

[6]　ALEXANDER M A,BLADE I,NEWMAN M,et al. The atmospheric bridge:The influence of ENSO teleconnections on air-sea interaction over the global oceans[J]. Journal of Climate,2002,15(16):2205-2231.

[7]　RAYNER N A,PARKER D,HORTON E B,et al. Global analysis of sea surface temperature,sea ice,and night marine air temperature since the late nineteenth century[J]. Journal of Geophysical Research:Atmosphere,2003,108(14):1063-1082.

[8]　PARKER D,FOLLAND C,SCAIFE A,et al. Decadal to multidecadal variability and the climate change background[J]. Journal of Geophysical Research:Atmosphere,2007,112(D18):1148-1154.

[9]　RAYNER N A,KAPLAN A,KENT E C,et al. 2010. Evaluating climate variability and change from modern and historical SST observations[C]//HALL J,HARRISON D E,STAMMER D. Proceedings of

OceanObs'09:sustained ocean observations and information for society, September 21'25, 2009, Venice, Italy. WPP-306. Ecological Society of America, 2010.

[10] XIE S P,DESER C,VECCHI G A,et al. Global warming pattern formation:sea surface temperature and rainfall[J]. Journal of Climate, 2010,23(4):966-986.

[11] JIANG G Q,JIN Q J,WEI J,et al. A reduction in the sea surface warming rate in the SCS during 1999-2010[J]. Climate Dynamics,2021, 57(7-8):1-16.

[12] XIE S P. Summer upwelling in the SCS and its role in regional climate variations[J]. Journal of Geophysical Research:Oceans, 2003, 108 (C8):3261.

[13] LIU Q Y,JIANG X,XIE S P. A gap in the Indo-Pacific warm pool over the SCS in boreal winter:Seasonal development and interannual variability[J]. Journal of Geophysical Research:Oceans, 2004, 109 (C07012).

[14] GORDON A L. Interocean exchange of thermocline water[J]. Journal of Geophysical Research:Atmosphere,1986,91(C4):5037-5046.

[15] KLEIN S A,SODEN B J,LAU N C. Remote sea surface temperature variations during ENSO:Evidence for a tropical atmospheric bridge [J]. Journal of Climate,1999,12(4):917-932.

[16] LIU W T,XIE X. Spacebased observations of the seasonal changes of south Asian monsoons and oceanic responses[J]. Geophysical Research Letters,1999,26(10):1473-1476.

[17] Zhang L P,Wu L X,Lin X P,Wu D X. Modes and mechanisms of sea surface temperature low-frequency variations over the coastal China seas[J]. Journal of Geophysical Research,2010,115(C08031).

[18] QU T D. Role of ocean dynamics in determining the mean seasonal cycle of the SCS surface temperature[J]. Journal of Geophysical Research Oceans,2001,106(C4).

[19] LIU Q Y,ZHENG X T. 2012. Recent progress in China in the study of ocean's role in climate variation[J]. Acta Oceanologica Sinica,31(2):1-8.

［20］ WU R G,CHEN W,WANG G,et al. Relative contribution of ENSO and East Asian winter monsoon to the SCS SST anomalies during EN-SO decaying years［J］. Journal of Geophysical Research：Atmospheres,2014,119(9):5046-5064.

［21］ XIAO F A,WANG D X,ZENG L L,et al. Contrasting changes in the sea surface temperature and upper ocean heat content in the South China Sea during recent decades［J］. Climate Dynamics,2019,53(3-4):1597-1612.

［22］ WYRTKI K. Physical oceanography of the southeast Asian waters ［R］//WYRTKI K. Naga Report Volume 2 Scientific Results of Marine Investigations of the South China Sea and the Gulf of Thailand,1959—1961. La Jolla,California：The University of California,Scripps Institution of Oceanography,1961.

［23］ KOSEKI S,KOH T Y,TEO C K. Effects of the cold tongue in the South Chine Sea and on the monsoon,diurnal cycle and rainfall in the Maritime Continent［J］. Quarterly Journal of the Royal Meteorological Society,2013,139(675):1566-1862.

［24］ SEOW S M XC,TOMOKI T. Ocean thermodynamics behind the asymmetry of interannual variation of SCS winter cold tongue strength ［J］. Climate Dynamics,2018,52:1-13.

［25］ 赵永平,陈永利. 南海暖池的季节和年际变化及其与南海季风爆发的关系［J］. 热带气象学报,2000,16(3):202-211.

［26］ 金祖辉. 长江中下游梅雨期旱涝与南海海温异常关系的初步分析［J］. 气象学报,1986,44(3):368-372.

［27］ QU T D,GIRTON B,WHITEHEAD J A. Deepwater overflow through Luzon Strait［J］. Journal of Geophysical Research：Atmosphere,2006,111(C1):311-330.

［28］ CHU P C,EDMONS N,FA N C. Dynamical mechanisms for the South China Sea seasonal circulation and thermohaline variabilities［J］. Journal of Climate,1999,29:2971-2989.

［29］ MORIMOTO A,YOSHIMOTO K,YANAGI T. Characteristics of sea surface circulation and eddy field in the South China Sea revealed by satellite altimetric data[J]. Journal of Oceanography,2000,56(3):331-344.

[30] 徐保福,邱章,陈惠昌.南海水平环流的概述[M]//《海洋与湖沼》编辑部.中国海洋湖沼学会水文气象学会学术会议(1980)论文集.北京:科学出版社,1982:137-141.

[31] W U C R,SHAW P T,CHAO S Y. Seasonal and interannual variation of the velocity field of the South China Sea[J]. Journal of Oceanography,1998,54(4):361-372.

[32] 周发琇,于慎余.南海表层水温的低频振荡[J].海洋学报,1991,13(3):333-338.

[33] 傅刚,周发琇,于慎余,等.南海表层水温低频振荡的动力学机制[J].青岛海洋大学学报,1994,24(4):456-462.

[34] 于慎余,周发琇,傅刚,等.南海表层水温低频振荡的基本特征[J].海洋与湖沼,1994,25(5):546-551.

[35] 王卫强,王东晓,齐义泉.南海表层水温年际变化的大尺度特征[J].海洋学报,2000,32(4):8-16.

[36] 谭军,周发琇,胡敦欣,等.南海海温异常与 ENSO 的相关性[J].海洋与湖沼,1995,26(4):377-382.

[37] 谢强,鄢利农,侯一筠,等.南沙与暖池海域 SST 的长期振荡及其耦合过程[J].海洋与湖沼,1999,30(1):88-96.

[38] 许金山,田纪伟,魏恩泊.南海与太平洋表层水温卫星遥感资料的子波频谱分析[J].科学通报,2000,45(11):1185-1189.

[39] TOMITA T,YASUNARI T. Role of the northeast winter monsoon on the biennial oscillation of the ENSO/monsoon system[J]. Journal of the Meteorological Society of Japan,1996,74(4):399-413.

[40] WANG D X,LIU Q Y,Huang R X,et al. Interannual variability of the SCS throughflow inferred from wind data and an ocean data assimilation product[J]. Geophysical Research Letters,2006,33(14):110-118.

[41] THOMPSON B,TKALICH P,MALANOTTE-RIZZOLI P,et al. Dynamical and thermodynamical analysis of the SCS winter cold tongue[J]. Climate Dynamics,2016,47(5-6):1629-1646.

[42] SEOW M X C,MORIOKA Y,TOZUKA T. Roles of tropical remote

forcings on the SCS winter atmospheric and cold tongue variabilities [J]. Journal of Climate,2021,34(10):4103-4118.

[43] FANG G H,CHEN H Y,WEI ZE X,et al. Trends and interannual variability of the South China Sea surface winds,surface height,and surface temperature in the recent decade[J]. Journal of Geophysical Research:Atmosphere,2006,111(C11):2209-2223.

[44] CHENG X H,QI Y Q. Trends of sea level variations in the South China Sea from merged altimetry data[J]. Global and Planetary Change, 2007,57(3-4):371-382.

[45] 蔡榕硕,张启龙,齐庆华. 南海表层水温场的时空特征与长期变化趋势 [J]. 台湾海峡,2009,28(4):559-568.

[46] YANG H Y,WU L X. Trends of upper-layer circulation in the South China Sea during 1959-2008[J]. Journal of Geophysical Research:Atmosphere,2012,117(C8):40-50.

[47] PARK Y G,CHOI A. Long-term changes of SCS surface temperatures in winter and summer[J]. Continental Shelf Research,2016,143:185-193.

[48] THOMPSON B,TKALICH P,MALANOTTE-RIZZOLI P. Regime shift of the South China Sea SST in the late 1990s[J]. Climate Dynamics, 2017,48(5-6):1873-1882.

[49] 蔡榕硕,陈际龙,谭红建. 全球变暖背景下中国近海表层海温变异及其 与东亚季风的关系[J]. 气候与环境研究,2011,16(1):94-104.

[50] DING H,GREATBATCH R J,PARK W,et al. The variability of the East Asian summer monsoon and its relationship to ENSO in a partially coupled climate model[J]. Climate dynamics,42(1-2):367-379.

[51] LIN C Y,HO C R,ZHENG Q A,et al. Variability of sea surface temperature and warm pool area in the South China Sea and its relationship to the western Pacific warm pool[J]. Journal of Oceanography, 2011,67(6):719-724.

[52] GORDON A L,HUBER B A,METZGER E J,et al. South China Sea throughflow impact on the Indonesian throughflow[J]. Geophysical Research Letters,2012,39(11):L11602.

[53]　MANTUA N J, HARE S R, ZHANG Y, et al. A Pacific interdecadal climate oscillation with impacts on salmon production[J]. Bulletin of the American Meteorological Society, 1997, 78(6): 1069-1079.

[54]　GERSCHNOV A B. Interdecadal modulation of ENSO teleconnections [J]. 1998, 79(12): 2715-2726.

[55]　JIANG H, JIN Q, WANG H, et al. Indices of strength and location for the North Pacific Subtropical and Subpolar Gyres[J]. Acta Oceanologica Sinica, 2013, 32(5): 22-30.

[56]　YUAN Y, LIAO G, YANG C. The Kuroshio near the Luzon Strait and circulation in the northern SCS during August and September 1994 [J]. Journal of Oceanography, 2008, 64(5): 777-788.

[57]　NAN F, XUE H, YU F. Kuroshio intrusion into the SCS: A review [J]. Progress in Oceanography, 2015, 137: 314-333.

[58]　WU C R. Interannual modulation of the Pacific Decadal Oscillation (PDO) on the low-latitude western North Pacific[J]. Progress in Oceanography, 2013, 110: 49-58.

[59]　CHEN Y, ZHAI F, LI P. Decadal Variation of the Kuroshio Intrusion Into the South China Sea During 1992-2016[J]. Journal of Geophysical Research: Oceans, 2020, 125(1): 10. 1029/2019JC015699.

[60]　DI L E, SCHNEIDER N, COBB K M, et al. North Pacific Gyre Oscillation links ocean climate and ecosystem change[J]. Geophysical Research Letters, 2008, 35(8): 1-6.

[61]　CHHAK K C, LORENZO E D, SCHNEIDER N, et al. Forcing of low-frequency ocean variability in the Northeast Pacific[J]. American Meteorological Society, 2009(5): 1255-1276.

[62]　ZHANG Y, ZHAO Z, LIAO E, et al. ENSO and PDO-related interannual and interdecadal variations in the wintertime sea surface temperature in a typical subtropical strait[J]. Climate Dynamics, 2022, 59 (11): 3359-3372.

[63]　MARQUIS K B A, TIGNOR M, MILLER H L. Contribution of working group I to the fourth assessment report of the intergovernmental panel on climate change//SOLOMON S, QIN D H, MANNING M, et

al. Climate change 2007: the physical science basis. New York: Cambridge University Press, 2007: 747-846.

[64] KNIGHT J, KENNEDY J J, FOLLAND C, et al. Do global temperature trends over the last decade falsify climate predictions? In state of climate in 2008 [J]. Bams, 2009, 90(8): 22-23.

[65] EASTERLING D R, WEHNER M F. Is the climate warming or cooling? [J]. Geophysical Research Letters, 2009, 36(8): 262-275.

[66] FOSTER G, RAHMSTORF S. Global temperature evolution 1979-2010[J]. Environmental Research Letters, 2011, 6(4): 526-533.

[67] SOLOMON S, ROSENLOF K H, PORTMANN R W, et al. Contributions of stratospheric water vapor to decadal changes in the rate of global warming[J]. Science, 2010, 327(5970): 1219-1223.

[68] SOLOMON S, DANIEL J, NEELY R, et al. The persistently variable "background" stratospheric aerosol layerand global climate change[J]. Science, 2011, 333: 866-870.

[69] KAUFMANN R K, KAUPPI H, MANN M L, et al. Reconciling anthropogenic climate change with observed temperature 1998-2008[J]. Proceedings of the National Academy of Sciences, 2011, 108(29): 11790-11793.

[70] FRÖHLICH C. Total solar irradiance observations[J]. Surveys in Geophygsics, 2012, 33: 453-473.

[71] MEEHL G A, ARBLASTER J M, FASULLO J T, et al. Model-based evidence of deep-ocean heat uptake during surface temperature hiatus periods[J]. Nature Climate Change, 2011, 1(7): 360-364.

[72] KOSAKA Y, XIE S P. Recent global-warming hiatus tied to equatorial Pacific surface cooling[J]. Nature, 2013, 501(7467): 403-407.

[73] BALMASEDA M A, TRENBERTH K E, KÄLLÉN E. Distinctive climate signals in reanalysis of global ocean heat content[J]. Geophysical Research Letters, 2013, 40(9): 1754-1759.

[74] WATANABE M, KAMAE Y YOSHIMORI M, et al. Strengthening of ocean heat uptake efficiency associated with the recent climate hiatus [J]. Geophysical Research Letters, 2013, 40(12): 3175-3179.

［75］ BAO B,REN G Y. Climatological characteristics and long-term change of SST over the marginal seas of China［J］.Continental Shelf Research, 2014,77(1):96-106.

［76］ 张琪. 中国近海海表面温度的年代际变化及其对全球变暖的响应［D］. 青岛:中国海洋大学,2014.

［77］ YU L,WELLER R A. Objectively analyzed air-sea heat fluxes for the global ice-free oceans(1981-2005)［J］. Bull American Meteorological Society,2007,88(4):527-539.

［78］ WOODRUFF S D,WORLEY S J,LUBKER S J,et al. ICOADS Release 2. 5:Extensions and enhancements to the surface marine meteorological archive［J］. International Journal of Climatology,2011,31(7): 951-967.

［79］ CARTON J A,GIESE B S. A reanalysis of ocean climate using Simple Ocean Data Assimilation(SODA)［J］. Monthly Weather Review, 2008,136(8):2999-3017.

［80］ KALNAY E,KANAMITSU M,KISTLER R,et al. The NCEP/NCAR 40-Year Reanalysis Project［J］. Bull American Meteorological Society, 1996,77(3):437-471.

［81］ BEHRINGER D W,XUE Y. Evaluation of the global ocean data assimilation system at NCEP:The Pacific Ocean［C］//Eighth Symposium on Integrated Observing and Assimilation Systems for Atmosphere,Oceans,and Land Surface,AMS 84th Annual Meeting,January 10-12,2004,Washington State Convention and Trade Center,Seattle, Washington. American Meteorological Society,2004:11-15.

［82］ BALMASEDA M A,VIDARD A,ANDERSO. The ECMWF Ocean Analysis System:ORA-S3［J］. Monthly Weather Review,2008,136 (8):3018-3034.

［83］ 徐萃魏,孙绳武. 计算方法引论［M］. 北京:高等教育出版社,2007.

［84］ XIAO F A,WANG D X,LEUNG M Y. Early and extreme warming in the South China Sea during 2015/2016:Role of an unusual Indian Ocean dipole event［J］. Geophysical Research Letters,2020,47(17): e2020GL089936.

［85］ KELLY K A,QIU B. Heat flux estimates for the western North Atlantic:I. Assimilation of satellite data into a mixed layer model［J］. Journal of Physical Oceanography,1995,25(10):2344-2360.

［86］ WU L,LIUZ. Is tropical Atlantic variability driven by the North Atlantic Oscillation? ［J］. Geophysical Research Letters,2002,29,1953.

［87］ PHILANDER S G H,GUD D,HALPERN D,et al. Why the ITCZ is mostly north of the equator［J］. Journal of Climate,1996,9(12):2958-2972.

［88］ NORTH G R,BELL T L,CAHALAN R F,et al. Sampling errors in the estimation of empirical orthogonal functions［J］. Monthly Weather Review,1982,110(7):699-706.

［89］ CANE M A,CLEMENT A C,KAPLAN A,et al. Twentieth-century sea surface temperature trends［J］. Science,1997,275(5302):957-960.

［90］ YAO S,LUO J,HUANG G,et al. Distinct global warming rates tied to multiple ocean surface temperature changes［J］. Nature Climate Change,2017,7(7):486-491.

［91］ COLLINS M,AN S-I,CAI W J,et al. The impact of global warming on the tropical Pacific Ocean and El Niño［J］. Nature Geoscience,2010,3(6):391-397.

［92］ LUO Y,LU J,LIU F,et al. Understanding the El Niño-like oceanic response in the tropical Pacific to global warming［J］. Climate Dynamics,2015,45(7-8):1945-1964.

［93］ YU X L,WANG F,WAN X Q. Index of Kuroshio penetrating the Luzon Strait and its preliminary application［J］. Acta Oceanologica Sinica,2013,32(1):1-11.

［94］ CHEN X Y,TUNG K. Varying planetary heat sink led to global-warming slowdown and acceleration［J］. Science,2014,345(6199):897-903.

［95］ LIU F,LUO Y,LU J,et al. Response of the tropical Pacific Ocean to El Niño versus global warming［J］. Climate Dynamics,Springer Berlin Heidelberg,2017,48(3-4):935-956.

［96］ WANG C Z,XIE S P,CARTON J A. A global survey of ocean-atmosphere interaction and climate variability[M]//Wang C Z,Xie S P,Carton J A. Earth Climate:The Ocean-Atmosphere Interaction. Washington,DC:the American Geophysical Union,2004:1-19.

[97] ZEBIAK S E,CANE M A. A model El Niño/Southern Oscillation[J]. Monthly Weather Review,1987,115:2262-2278.

[98] LUTZ K,RATHMANN J,JACOBEIT J. Classification of warm and cold water events in the eastern tropical Atlantic Ocean[J]. Atmospheric Science Letters,2013,14(2):102-106.

[99] TOKINAGA H,XIE S P. Weakening of the equatorial Atlantic cold tongue over the past six decades[J]. Nature Geoscience,2010,4(4):222-226.

[100] RICHTER I,BEHERA S K,MASUMOTO Y,et al. Multiple causes of interannual sea surface temperature variability in the equatorial Atlantic Ocean[J]. Nature Geoscience,2012,6:43-47.

附录　部分彩图

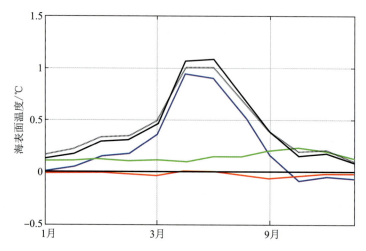

黑色虚线为合成 CPL85 模拟的大西洋厄尔尼诺事件的季节变化,黑色实线是完全响应,
蓝色实线为风应力的影响,红色实线为风速的影响,绿色实线则为海表面热通量的影响。

图 6-5　不同实验条件下大西洋尼诺事件的模拟结果

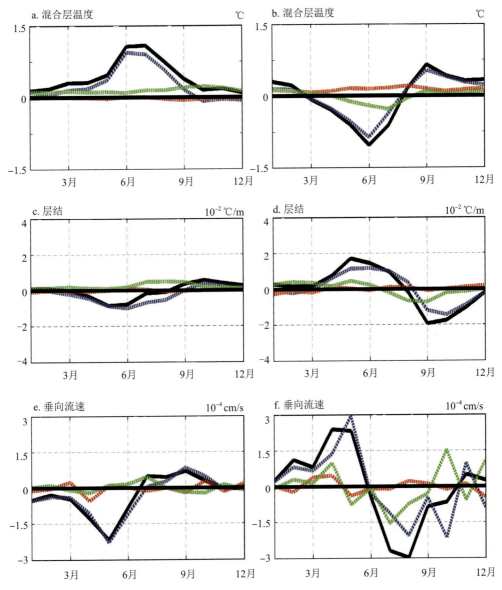

黑色实线为全响应,蓝色虚线为风应力的贡献,红色虚线为风速的贡献,

绿色虚线为 CO_2 直接热效应的贡献。

图 6-7　大西洋尼诺(a、c、e)和类尼诺升温(b、d、f)情境下混合层温度(a、b)、

55 m 深的层结(c、d)、表面到 55 m 深垂向平均流速(e、f)

在赤道东大西洋的变化以及覆盖实验中各因素对这些海洋特征的贡献

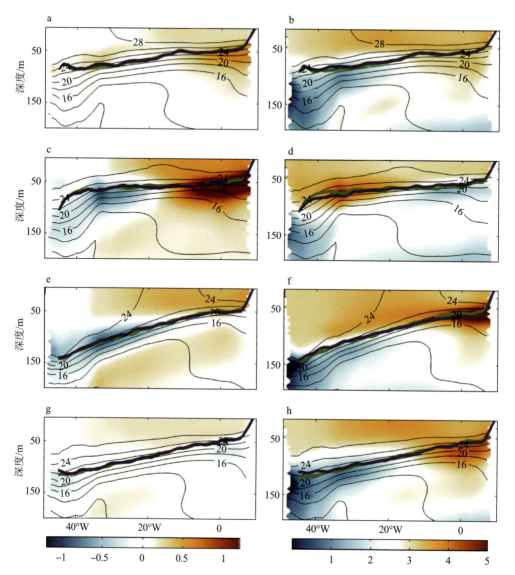

绿线和蓝线是混合层底深度(绿色是 2006—2025 年的平均,左侧蓝色是合成
大西洋尼诺的平均,右侧蓝色则是 2080—2099 年的平均),等值线是
CPL85 的 94 年平均值。温跃层深度取温度梯度的最大值。

图 6-9 大西洋尼诺(a、c、e、j)和类尼诺升温(b、d、f、h)情境下沿赤道
(2.5°S~2.5°N 的平均)温度异常的季节变化

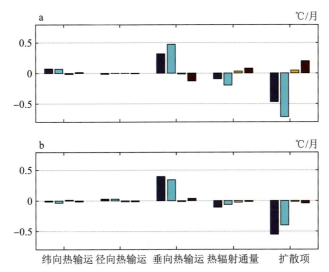

蓝色代表的是 CPL85,青色是风应力,黄色是风速,棕色是 CO_2 直接热效应。

图 6-11　覆盖实验各元素在大西洋尼诺(a)和类尼诺升温(b)峰值期
对热收支平衡方程各项贡献的平均